U0086614

365天都吃得健康！

貼心的卡路里指數&身體機能食材指引

美味韓劇

《料理絕配PASTA》

幕後主廚傾授！

朴仁圭 著

牟仁慧 譯

I ♡ Italian Cuisine

好好吃義式料理！

一次學會金牌主廚私藏的110道四季食譜

好好吃義式料理！
一次學會金牌主廚私藏的110道四季食譜

作　　者／朴仁圭
譯　　者／牟仁慧
發 行 人／葉佳瑛
總 編 輯／古成泉
資深主編／宋欣政
執行編輯／孫之甯

出　　版／博碩文化股份有限公司
網　　址／ http://www.drmaster.com.tw
地　　址／新北市汐止區新台五路一段 112 號 10 樓 A 棟
TEL / 02-2696-2869 • FAX / 02-2696-2867

郵撥帳號／ 17484299
律師顧問／劉陽明
出版日期／西元 2013 年 1 月初版

建議零售價／ 360 元
I S B N ／978-986-201-682-4
博 碩 書 號／ DS21219

國家圖書館出版品預行編目資料

好好吃義式料理！一次學會金牌主廚私藏的 110 道四季食譜 / 朴仁圭著 ; 牟仁慧譯 . -- 初版 . --
新北市 : 博碩文化 , 2013.01
面； 公分
ISBN 978-986-201-682-4(平裝)

1. 食譜 2. 義大利

427.12　　101026342

Printed in Taiwan

本書如有破損或裝訂錯誤，請寄回本公司更換

著作權聲明

"Garosugil Recipe" by Park in kyu
Copyrights © 2012 Park in kyu
All rights reserved.
Originally Korean edition published by JISIKINHOUSE
The Traditional Chinese Language translation © 2013 DrMaster Press Co., Ltd.
The Traditional Chinese translation rights arranged with JISIKINHOUSE through EntersKorea Co., Ltd., Seoul, Korea.

商標聲明

本書中所引用之商標、產品名稱分屬各公司所有，本書引用純屬介紹之用，並無任何侵害之意。

有限擔保責任聲明

雖然作者與出版社已全力編輯與製作本書，唯不擔保本書及其所附媒體無任何瑕疵；亦不為使用本書而引起之衍生利益損失或意外損毀之損失擔保責任。即使本公司先前已被告知前述損毀之發生。本公司依本書所負之責任，僅限於台端對本書所付之實際價款。

好好吃義式料理！
一次學會金牌主廚私藏的**110**道四季食譜

朴仁圭 著／牟仁慧 譯

前言

一生一定要相遇一次的義大利健康料理！

義大利 7 年，韓國 3 年，我和料理已經結下了共 10 年的緣份。成為料理師的這 10 年間，我了解到做料理要率直。作為一位廚師為某個人做料理，終究不是件簡單的事情；正因如此，今天的廚房依然是戰場。做料理時，料理的技術並不是最困難的，學習將真心裝到盤中才是最難的。經過時間的磨練，任何人都能學習到料理的技術，但是如何讓料理蘊藏真心，這又是另一個層次的問題了。現在，我們不再只是為了填飽飢餓而吃東西，透過享用美食，有些人再度打起精神，有些人獲得了溫暖慰藉。

義大利俗語中，有一句話是這麼說的：「食物不僅單純填飽我們的肚子，更能豐富我們的靈魂」。書中介紹的 110 道料理，皆是以豐富靈魂的宗旨所撰寫出來的。希望這本食譜能幫助某人打起精神，能成為某人豐富充實的一餐，更希望能成為某人如母親般的存在。

慢活料理發源地，義大利健康料理

您總是苦惱著該如何做出健康料理嗎？這本書將成為您的秘笈寶典。義大利是個擁有自我料理哲學和歷史的國家，健康的食材與其料理總是脫不了關係，也因此它是慢活料理的發源地。季節沙拉搭配上各式佐醬、用慢火燉煮成燉飯、不同口感的義式麵條、各個城市特有的義式傳統作法，將在本書中一一呈現，並化身成符合我們口味的料理。

簡單的食譜就能做出義大利健康料理

義大利麵、通心粉、燉飯… 總覺得義大利菜好複雜！我們對任何事情都不可以帶有偏見，義大利料理是在家中也能夠簡單做出的美食。只要了解正確的做法，甚至比煮泡麵都還要簡單。您好奇如何在家中簡單做出料理嗎？這本書介紹的食譜將教給您這些方法。

Thanks to

我要向下列這些人表示感謝：忙碌的行程中，依然幫忙到處張羅的 Sam Kim 大廚和後輩金賢俊、廚房中一起幫忙整理食譜的後輩們、負責控制所有進度的朴貞熙編輯、即便忙碌也幫我寫推薦詞，因連續劇而結緣的演員孔曉振、李善均、李荷妮、李亨哲。我總是以忙碌作為藉口，無法和妻子共度許多時光，在此我要向她表達我深深的愛意。

目錄

PART 5 *Winter*

Buon natale! 營養滿分的冬日飯桌

PART 6 *Four Season*

La vita! 四季皆可享用的經典料理

PART 7 *Dessert*

Ti amo 甜蜜且道地的健康點心

PART 8 *Special Menu*

Salute～專屬於你們的愛情飯桌

基本事項

- 本書中，各食譜的份量皆為1人份，高湯和佐醬則根據基本食材的份量決定。

料理計量法

- 做料理時，最困難的部分莫過於決定料理口味的計量法。計量方法非常簡單，只要利用廚房中的湯匙就能解決。使用一般湯匙，標示為Ts；使用咖啡湯匙，標示為ts；液體類調味料則使用紙杯計量即可，一杯紙杯的份量為200ml，各材料的份量都已用括弧標示出來；一把的份量為大人手一把抓起的量；甜點和麵糰的材料份量需要精準的計量，所以用公克（g）標示。

煮出好吃義大利麵的5個TIP

1. 比起結晶細小的食鹽，建議使用結晶較粗大的粗鹽（天然鹽）。
   - 粗鹽（天然鹽）是未經過加工的鹽巴，因此含有豐富的無機礦物質，能夠讓義大利麵的口感更具風味。
2. 鹽巴使用量，1公升的水搭配10g（約1Ts）的鹽巴。
3. 煮義大利麵時，100g的義大利麵最少要使用1L的水量。
   - Ex）煮200g的義大利麵時，使用2L的水量。
4. 水溫維持在100度，水煮開等待1分鐘後，再放入義大利麵。
5. 使用寬扁的鍋子，義大利麵能一次就被水蓋過。

雞骨高湯（3人份）除了海鮮義大利麵（燉飯）外，其他類型的義大利麵（燉飯）皆適用。

材料 1整隻雞的雞骨、洋蔥1個、水5杯（1000）、月桂樹葉1片

料理方法

1. 雞骨泡在冷水裡，去除血水。
2. 水倒入鍋中後，放入所有的材料。
3. 高湯煮滾後轉小火，熬煮約30分鐘。
4. 高湯熬煮至剩一半的量後關火。

蛤蠣高湯（5人份）海鮮義大利麵和蛤蠣義大利麵主要使用的基本高湯。

材料 馬拉蜆或綜合蛤蠣1kg、整顆蒜頭5個、水4杯（800）

跟著這樣做

1. 蛤蠣放入鹽水中吐沙。
2. 將蛤蠣放入鍋中並倒入水。
3. 蓋上鍋蓋，將蛤蠣煮至開口。
4. 撈起蛤蠣，高湯即完成。

TIP 按照個人的口味，可加入適量的鹽或水調整高湯的鹹淡。

蝦殼高湯（3人份）主要用在甲殼類（蝦、龍蝦）料理和海鮮料理的基本高湯。

材料 蝦頭及蝦殼約20隻的份量、洋蔥1個、月桂樹葉1片、水5杯（1000）、橄欖油3Ts

跟著這樣做

1. 洋蔥切成丁狀。
2. 鍋中倒入橄欖油，將洋蔥、蝦頭、蝦殼炒一炒。
3. 在同一個鍋子中倒入水，高湯煮滾後轉小火。
4. 放入月桂樹葉熬煮30分鐘。
5. 高湯熬煮至剩一半的量，撈起蝦殼蝦頭，高湯便完成。

美味的基礎醬料 & 佐醬

番茄紅醬（3 人份）

材料 番茄罐頭（Whole）500g、洋蔥 1/2 個、砂糖 1/2 Ts、鹽 1/4 Ts、橄欖油 1Ts、奶油 1Ts、月桂樹葉 1 片

跟著這樣做

1. 用手動攪拌機將糖、鹽和番茄打碎。
2. 醬料平底鍋中倒入橄欖油，將切碎的洋蔥翻炒至咖啡色。
3. 番茄罐頭中的剩餘湯汁和月桂樹葉一起倒入平底鍋中，使用弱火熬煮約 20 分。
4. 關火後，放入奶油攪拌均勻。

TIP 製作番茄紅醬時，比起新鮮的番茄，使用罐頭番茄是煮出美味醬料的祕訣。韓國所栽培的番茄，不容易煮出我們所熟悉的番茄醬料甜味。

奶油白醬（1 人份）

材料 蛋黃 2 個、帕馬森起司粉 4Ts、鮮奶油 1/2 杯、胡椒少許

跟著這樣做

1. 蛋黃和起司放在碗中攪拌均勻。
2. 在①的碗中，加入鮮奶油後攪拌均勻。
3. 加入胡椒。

TIP 若先放入鮮奶油，鮮奶油會浮在上面，因此要先混和蛋黃和起司。

濃縮巴沙米可醋醬料（10 人份）

材料 巴沙米可醋 2 杯（400）、砂糖 5Ts

跟著這樣做

1. 巴沙米可醋和砂糖倒入鍋中混合均勻。
2. 小火熬煮 1 小時。
3. 醬料在沸騰狀態時，醋有可能會燒焦，因此需隨時調整瓦斯爐的火候。

蘋果佐醬（5 人份）

材料 蘋果 1 個、奶油 1/2 Ts、砂糖 1/2 Ts、檸檬汁 1 顆份量、水 1/2 杯（100）、橄欖油 1Ts

跟著這樣做

1. 蘋果去皮切成丁狀。
2. 平底鍋放入奶油，融化後放入①的蘋果輕輕拌炒。
3. 倒入水和檸檬汁，熬煮約 5 分鐘。
4. 在③中，加入橄欖油用攪拌機混合均勻。

巴沙米可醋佐醬（10 人份）

材料 巴沙米可醋 1 杯（200）、橄欖油 1 杯（200）、第戎芥末醬 1Ts、砂糖 1Ts、鹽少許、胡椒少許

跟著這樣做

1. 在碗中將橄欖油和巴沙米可醋混合均勻。
2. 加入鹽巴、胡椒和第戎芥末醬攪拌均勻。
3. 佐醬食用前，先混合均勻後再使用。

凱薩佐醬（2 人份）

材料 洋蔥 1/2 個、鯷魚 2 尾、蛋黃 2 個、第戎芥末醬 1/2 Ts、橄欖油 1/2 杯（100）、帕馬森起司粉 2 Ts、檸檬汁 1/2 顆

跟著這樣做

1. 在碗中將蛋黃打散。
2. 打至稍微起泡後，慢慢加入橄欖油。
3. 不停攪拌，直到佐醬變得像美奶滋一樣。
4. 蒜頭和鯷魚切碎。
5. 所有材料混合均勻（用檸檬汁來調整濃淡）。

檸檬佐醬（10 人份）

材料 檸檬汁 100g（約 4～5 顆的檸檬）、橄欖油 1 杯（200）、第戎芥末醬 1 Ts、鹽巴 1/2 Ts、砂糖 1 Ts

跟著這樣做

1. 在碗中將橄欖油和檸檬汁混合均勻。
2. 加入鹽巴、胡椒、第戎芥末醬和砂糖混合均勻。
3. 使用佐醬前，再一次混合均勻。

義大利食材的使用方法

Extra virgin olive oil DOP

（Denominazione di origine protetta：法定產區）特級冷壓橄欖油屬於高級油品，通過義大利政府的審核和檢驗。價格昂貴，因此通常使用在沙拉或冷盤料理上，且此種油品只要稍稍加熱，就會喪失它原有的香氣。一天攝取 1Ts 份量的特級冷壓橄欖油有助身體健康。

Extra virgin olive oil

價格比 DOP 橄欖油便宜一些，透出綠色的光芒，比起其他油品較為濃稠。通常用在料理收尾步驟，能提出義大利麵、肉類、海鮮的光澤和香味，亦作為沙拉佐醬使用。

Pomace olive oil

大部分的廚師稱為「Pure Oil」。使用 Extra virgin olive oil 的橄欖渣進行再造，即 Extra virgin oil 的再造油品。因此它的香氣較淡，通常於拌炒時使用，或是用於肉品醃製（Marinade）階段，能讓肉類的口感更為柔嫩。

Soybean oil

非橄欖製成的油品，是使用豆類製成的黃豆油，經常使用在韓式料理。西洋料理中，則是較常將之使用在炸物上。比起橄欖油，黃豆油的濃度較低，香氣也較淡。

硬質乳酪

質地堅硬，經過長時間熟成的乳酪，價格通常比較昂貴。
種類：帕馬森起司（Parmesan cheese）、佩克里諾羊乳起司（pecorino cheese）
料理方法 利用刨絲器（削馬鈴薯時用的工具）將之灑在沙拉上面，或是利用磨薑器將起司加在義大利麵或燉飯中，一起食用。
TIP 喝紅酒時，可將起司切成小片沾上蜂蜜，有如享用人間美味。

軟質乳酪

質地軟嫩，極短的時間內產出的乳酪，即不需特別經過熟成的乳酪。種類：奶油乳酪（Cream Cheese）、瑞士艾曼托乳酪（Emmental）、卡門伯特乳酪（Camembert）
料理方法 通常用來搭配紅酒、夾在三明治中、做成奶油乳酪慕思、或加在蛋糕裡面使用。西方也經常將之做成起司鍋（Cheese Fondue）。

藍紋乳酪

特意將青黴菌注入起司製成的乳酪。種類：藍紋乳酪（Blue Cheese）、戈根索拉乳酪（Gorgonzola Cheese）
料理方法 藍乳酪義大利麵、披薩、主菜的佐醬。

Bulk Balsamic Vinegar

通常裝在轉蓋型的瓶子中，價格便宜，且能購買大容量（5L）。主要是用來做成巴沙米可醋的醬料。

Balsamic Vinegar DOP

裝在小葫蘆瓶中，瓶口用軟木塞或橡皮塞蓋住。價格比上方的 Bulk Balsamic Vinegar 貴，且容量也較少。由於價格昂貴，因此通常都直接和橄欖油混合後，淋在沙拉上食用。

PART 1
料理時間
干貝佐莫札列拉
白醬義大利麵
25分
干貝鮮橙沙拉
10分
烤干貝堅果
15分
章魚馬鈴薯燉飯
30分
章魚沙拉
15分
章魚南瓜可樂餅
25分
短爪章魚沙拉
15分
短爪章魚大
葉芹佐番茄
白醬義大利麵
25分
鮭魚排佐短爪
章魚佐醬
30分
韭菜培根
義大利麵
25分
韭菜海鮮佐
番茄白醬燉飯
25分
韭菜海鮮焗烤
25分
烤紅椒
30分
紅椒雞肉佐番茄
白醬義大利麵
25分
韭菜海鮮焗烤
20分

Grazie～
趕走春睏症的義式春天飯桌

Grazie是義大利文的「謝謝」。

當輕柔吹來的風不再令人厭惡時，就代表進入春天了。義大利的春天和韓國非常相似，有著溫暖陽光並充滿花香！似乎嫉妒著春天的美好，春寒乍暖的天氣常讓我們不知所措，但我們卻總是會期待春天的到來。

究竟是什麼原因，讓我們如此渴求春天的到來？或許是因為挺過嚴寒冬天的疲勞身軀，終於可以品嚐到美味食物的關係。運用贏過酷寒氣候的大自然食材，慰勞我們疲勞身軀的季節，正是春天。

最近因科技的發達，隨時都能吃到各個季節的產物，或許讓「當季」這個名詞略顯失色。不過真正的當季食物，才能品嚐到該季節特有的美味和營養。

是因為溫暖的春天造成的嗎？春天總會讓人感到特別慵懶，春睏症是大家都有的經驗吧！當季海鮮、促進血液循環並幫助身體變暖和的韭菜、各式各樣的甜椒，我利用這些食材寫出了補充精力的菜單食譜。

在此介紹朴仁圭主廚的 15 種特選料理，將讓您的春日飯桌變得更加豐盛美味。

初春 日平均氣溫5～10℃
春天 日平均氣溫0～15℃，日最低氣溫不低於5℃
晚春 平均氣溫15～20℃，日最低氣溫不低於10℃

消除疲勞的清鮮食譜

干貝佐莫札列拉白醬義大利麵

牛角蛤（100g：57kal）有著卓越的肝臟解毒能力，更有著消除疲勞、恢復視力、預防糖尿病以及幫助消化吸收等功效。對恢復期中的病人、小孩子或是父母親，皆是很好的補品。它的卡路里低，又含有豐富的鋅，有助於荷爾蒙的調解。

牛角蛤干貝2個、小番茄5個、花椰菜一把、莫札列拉起司1/2個、蛤蠣高湯1/4杯（50）－參考高湯食譜、鮮奶油1杯（200）、蒜頭一瓣切末、橄欖油1Ts、香芹末少許、鹽少許

跟著這樣做

01 牛角蛤干貝切成適合入口的丁狀大小，花椰菜也切成相同大小，小番茄對半切。莫札列拉起司切成小塊狀。

02 平底鍋倒入油，放入蒜頭、干貝、小番茄和花椰菜翻炒。

03 在②中倒入蛤蠣高湯，熬煮約1分鐘左右後，放入鮮奶油。義大利麵放入鹽水中煮熟，煮至Al Dente。

04 將義大利麵和準備好的香芹末，與白醬混合均勻。

05 呈盤後，放上準備好的莫札列拉起司即完成。

TIP

❶ 若覺得蛤蠣高湯太鹹，請加入清水調整濃淡。
❷「Al Dente」是指還能稍微看見一點義大利麵心的狀態，即彈牙的口感。

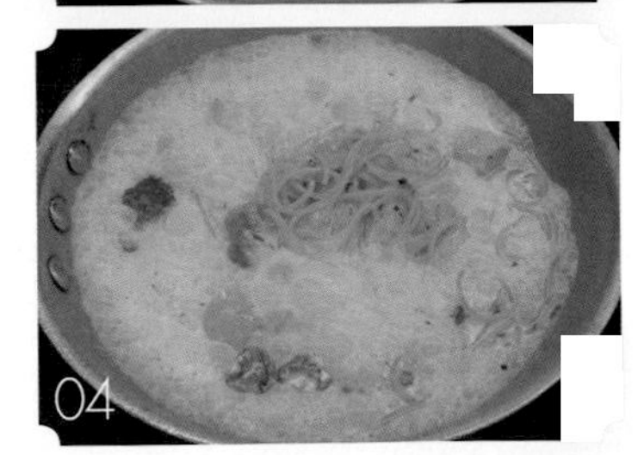

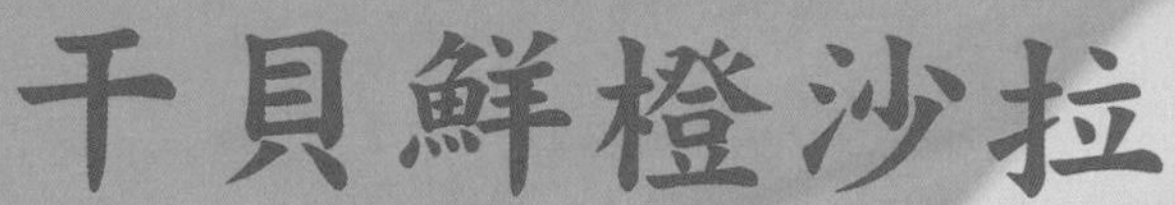

來自海洋的減肥珍寶

干貝鮮橙沙拉

因為萵苣清脆涼爽的口感，所以經常將之作為沙拉和三明治的食材之一。萵苣（100g：11kcal）富含食物纖維，是低卡路里的優良減肥食材。直接生吃時，流失的營養成分較少，對於安定神經和改善失眠有一定的幫助。

干貝2個、花枝1/4隻、柳橙1個、萵苣1張、巴沙米可醋佐醬1Ts－參考佐醬食譜、鹽巴少許

跟著這樣做

01 花枝切成適合入口的圓圈狀。柳橙去皮後，同樣也切成圓圈狀。

02 挑選大片的萵苣，用冷水清洗乾淨。

03 干貝和花枝抹上少許的鹽調味，用平底鍋煎熟。

04 盤子擺上鮮橙、萵苣和③的海鮮。

05 淋上巴沙米可醋佐醬。

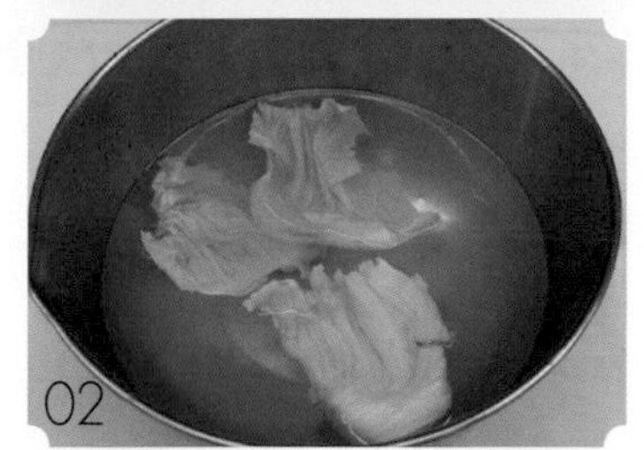

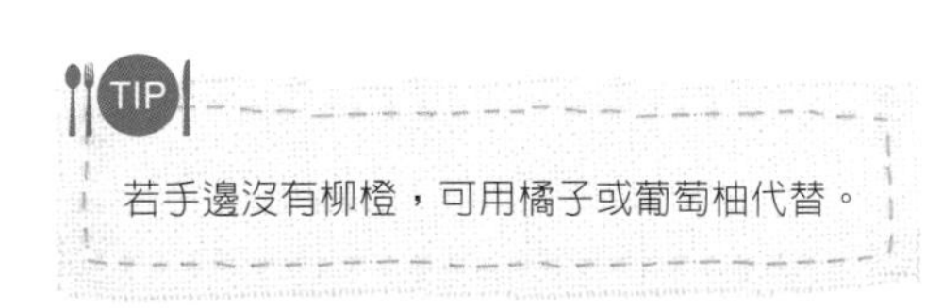

拯救粗糙皮膚

烤干貝堅果

大家都喜歡口感香脆的堅果吧？
堅果類能促進腦細胞活動，並有效預防慢性病。
另外，因富含植物性脂肪，對皮膚有著卓越的保護功能。
堅果類中的花生含豐富蛋白質＆必需胺基酸，能讓肌肉變得結實。
可使用平常較少吃的堅果，或是家裡現有的堅果即可。

材料

牛角蛤干貝3個、麵包粉1Ts、蒜末2瓣、鹽巴少許、胡椒少許、綜合堅果類（杏仁、松子、開心果）1Ts、橄欖油1Ts
檸檬美奶滋佐醬（美乃滋2Ts、Tabasco 5滴、檸檬汁1顆、糖1/2Ts）

跟著這樣做

01 牛角蛤用鹽巴、胡椒調味後，用橄欖油醃製（Marinade）5分鐘。
02 堅果類壓碎和麵包粉混合。
03 牛角蛤均勻沾上麵包粉。
04 烤箱用180度預熱，將③放入烤箱5分鐘。
05 檸檬美奶滋佐醬的材料放入碗中混合均勻。
06 牛角蛤烤好後，淋上⑤的佐醬

TIP

❶ 如果沒有各式堅果，也可只使用一種堅果。
❷ Marinade是指肉類和海鮮在料理前，利用油、香草（Herb）等材料進行醃製的方法。經過醃製後的食材，能讓食材的香味和水分再提高一個層次。

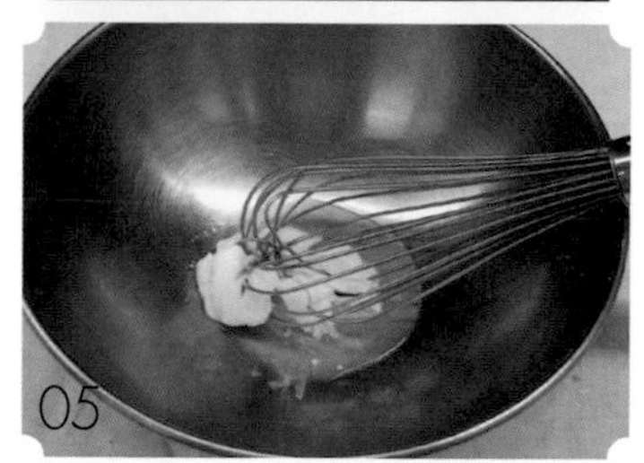

彈牙和柔軟的雙重合奏

章魚馬鈴薯燉飯

章魚（100g：74kcal）能有效幫助視力恢復和預防貧血。
因含有牛磺酸，能抑制血液內中性脂質和膽固醇的累積，且具備肝解毒功能，能有效恢復疲勞。它更能促進胰島素分泌，可預防糖尿病、調節血壓、腦部開發、有助舒緩神經系統。另外，它也能讓眼角膜恢復正常功能，預防動脈硬化、肝病、視力減退、便秘…等問題，可說是來自海洋的寶物。

米1/2杯、馬鈴薯1/2個、章魚腳1隻、洋蔥丁1/4個、奶油1Ts、帕馬森起司2Ts、番茄紅醬1/4杯（50）－參考佐醬食譜、雞高湯5杯（1000）－參考高湯食譜、橄欖油1Ts、鹽少許

01

跟著這樣做

01 馬鈴薯等其他材料切成易入口的丁狀。章魚用鹽水燙過後，切成丁狀。
02 ①的馬鈴薯用鹽水稍做汆燙。
03 平底鍋倒入少許油，洋蔥丁、生米、馬鈴薯和章魚放入拌炒。
04 倒入高湯，用小火將米煮熟。
05 米差不多快熟時，加入番茄紅醬再煮至全熟。
06 關火後，加入奶油和帕馬森起司收尾。

03

04

05

野餐飯盒的推薦食譜

章魚沙拉

章魚腳1隻、蝦子3尾、馬鈴薯1/2個、豆芽1把、香芹末少許、鹽巴少許
檸檬佐醬3Ts－參考佐醬食譜

跟著這樣做

01 馬鈴薯、章魚、蝦子切成塊狀。
02 馬鈴薯、章魚和蝦子用鹽水汆燙。
03 沙拉準備好後，放入碗中和檸檬佐醬混和均勻。
04 上述材料呈盤後，最後再將豆芽擺入盤中。

TIP

❶ 材料汆燙後，不要用冷水沖涼，而是放在濾網上，自然冷卻至室溫。
❷ 備料過程中，由於都使用鹽水汆燙，已有一定的鹹度，因此最後再進行調味。

慵懶的春日，沒有胃口時

章魚南瓜可樂餅

章魚腳1隻、南瓜1/2個、麵粉1Ts、麵包粉2Ts、雞蛋1個、帕馬森起司粉1Ts、橄欖油2Ts、鹽巴少許、胡椒少許

咖哩佐醬（美乃滋1Ts、咖哩粉1ts）

跟著這樣做

01 章魚用鹽水汆燙後切成細丁狀。

02 南瓜去籽剝掉外皮後，切成大塊狀。放入微波爐，微波3分鐘左右。

03 在碗中放入章魚、南瓜、帕馬森起司、鹽巴、胡椒混合均勻。

04 ③的材料搓揉成適當大小，並捏成扁平的圓形模樣。按照順序沾上麵包粉、蛋液、麵包粉。

05 平底鍋倒入充分的油，將④煎熟至表面呈金黃色。

06 美乃滋和咖哩粉混合均勻，完成佐醬的製作。

春季的爽口營養菜單

短爪章魚沙拉

短爪章魚（100g：47kcal）的卡路里雖低，卻富含人體所須的必需胺基酸。含有鐵質成分，故也有助於改善貧血。富含DHA成分有助大腦細胞的發育和預防成人慢性病。它含有的牛磺酸成分，則有助於消除肌肉的疲勞。章魚墨汁更能有效改善女性生理期不順的問題，可說是春季不可被遺忘的營養食材。

短爪章魚3隻、豆芽1把、大葉芹5株、鵪鶉蛋5個、巴沙米可醋佐醬2Ts－參考佐醬食譜

跟著這樣做

01 豆芽和大葉芹用冷水浸泡，撈起後徹底將水分去除備用。大葉芹切好備用。
02 鵪鶉蛋用鹽水汆燙，剝殼備用。
03 短爪章魚用鹽水汆燙。
04 將所有食材放入碗中，淋上巴沙米可醋佐醬混合均勻即完成。

01

03

04

趕走春睏症

短爪章魚大葉芹佐番茄白醬義大利麵

大葉芹經常被使用在義大利麵和沙拉中，它富含無機質、維他命等各種營養素；其含有的藥理成分能改善止血、白帶症、解熱、高血壓…等問題。

義大利麵90g、短爪章魚3隻、大葉芹5株、小番茄5個、番茄紅醬1/4杯（50g）－參考佐醬食譜、鮮奶油1/2杯（100）、蛤蠣高湯1/4杯（50）－參考高湯食譜、蒜末1瓣、橄欖油1Ts、鹽巴少許、香芹粉少許、碗豆10顆

跟著這樣做

01 短爪章魚用鹽水汆燙備用，小番茄對半切。

02 平底鍋倒入油，將蒜末、小番茄、碗豆、短爪章魚炒一炒。

03 倒入蛤蠣高湯熬煮1分鐘，接著放入番茄紅醬和鮮奶油。

04 義大利麵用鹽水煮至Al Dente（參見P.19 TIP），可稍微看到麵心的程度。

05 放入香芹粉和大葉芹，煮好的③佐醬和義大利麵混合均勻。

TIP

❶ 由於蛤蠣高湯已有鹹度，所以料理時，不必額外調味。若覺得不夠鹹，待加入佐醬再用鹽巴調味。

❷ 番茄白醬的義大利文是rosé，rosé指的正是「粉紅色」。

女性專用的清爽魔法咒語

鮭魚排佐短爪章魚佐醬

您知道豆類料理的優點嗎？
碗豆含有的優質蛋白質能提高能量的代謝。
維他命C和食物纖維能抗癌，更能幫助代謝發炎物質。

材料

鮭魚（燒烤用）1塊、短爪章魚2隻、碗豆10顆、蒜末1瓣、番茄紅醬1/2杯（100）－參考佐醬食譜、蛤蠣高湯1/4杯（50）－參考高湯食譜、橄欖油2Ts、紅椒粉少許（西洋小辣椒）、鹽巴少許、胡椒少許

01

跟著這樣做

01 短爪章魚用鹽水汆燙備用。
02 平底鍋倒入油，將蒜頭、紅椒粉和短爪章魚炒一炒。
03 在②的鍋子中，加入蛤蠣高湯、番茄紅醬和碗豆，用小火燉煮（即短爪章魚佐醬）。
04 鮭魚抹上鹽巴和胡椒調味。
05 在另一個平底鍋中倒入油，並用小火將鮭魚煎熟。
06 短爪章魚佐醬倒入盤中，最後再放上鮭魚即完成。

02

03

TIP

將新鮮鮭魚料理至5分熟的程度，可品嚐鮭魚柔嫩的口感。

05

傳來溫暖氣息的

韭菜培根義大利麵

翠綠韭菜（100g：31kcal）的芳基成分有助腸胃健康，allyl sulphide（烯丙基硫化物）的成分則能促進消化酵素分泌。韭菜除了能幫助消化，其殺菌效果也很顯著。另外，韭菜可促進身體血液循環，改善四肢冰冷的問題。

義大利麵90g、培根3片、雞骨高湯1/4杯（50）－參考高湯食譜、番茄紅醬1杯（200）－參考佐醬食譜、洋蔥丁1/4顆、紅椒粉少許、橄欖油1Ts、帕馬森起司粉末1Ts、韭菜適量、鹽巴少許、胡椒少許

跟著這樣做

01 韭菜、培根切成適當大小。

02 平底鍋倒入油，將洋蔥丁、培根、紅椒粉炒一炒。

03 倒入高湯，熬煮約一分鐘後，加入番茄紅醬。

04 義大利麵用鹽水煮至Al Dente（參見P.19 TIP），可稍微看到麵心的程度。

05 義大利麵和佐醬混合均勻。

06 撒上切成適當大小的韭菜和帕馬森起司粉。

早餐開啟充滿活力的一天

韭菜海鮮佐番茄白醬燉飯

料理時間25分

材料

生米1/2杯、蝦子3尾、番茄紅醬2Ts、雞骨高湯5杯（1000）－參考佐醬&高湯食譜、鮮奶油1/4杯（50）、韭菜適量、花枝1/4尾、紅蛤肉／蛤蠣肉各50g、洋蔥丁1/4個、奶油1Ts、帕馬森起司粉2Ts、橄欖油1Ts、鹽巴少許

跟著這樣做

01 蝦子、花枝等食材切成適合入口的大小。

02 平底鍋倒入油，放入洋蔥丁、海鮮和生米炒一炒。

03 倒入高湯，用小火將生米燉煮至熟。

04 生米煮熟後，放入鮮奶油和番茄紅醬熬煮1分鐘。

05 關火放入奶油和帕馬森起司攪拌均勻。

06 最後放上切好的韭菜即完成。

01

02

03

04

TIP

紅蛤肉和蛤蠣肉使用冷凍食材即可。

幫助消化的
韭菜海鮮焗烤

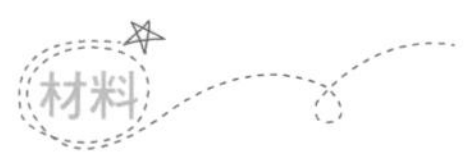

蝦子3尾、花枝1/4隻、紅蛤肉／蛤蠣肉各50g、鮮奶油1杯（200）、雞蛋1個、披薩用起司2Ts、帕馬森起司粉1Ts、韭菜適量、鹽巴少許、胡椒少許

跟著這樣做

01 所有的海鮮都用鹽水氽燙。
02 食材切成小塊狀備用。
03 碗中放入鮮奶油、雞蛋、帕馬森起司混合均勻。
04 ③中加入海鮮，並用鹽和胡椒調味。
05 ④的材料放入焗烤專用的器具中，最上面灑上披薩用起司和韭菜。
06 放入預熱好的烤箱（180度）烤15分鐘左右。

吐司用烤箱、烤吐司機或平底鍋稍稍烤過，和焗烤料理一起食用，便可以享受特殊風味。

和皮膚問題說再見

烤紅椒

紅椒（100g：20kcal）含有豐富的水分，能有效解除運動後的渴症，更富含能解決皮膚問題的維他命。一般的蔬果加熱後，營養素會遭到破壞，但是紅椒所含的營養素和油脂一同煮熟後攝取，其吸收效率會更高。

紅椒1/2個、牛肉末100g、杏鮑菇1個、莫札列拉起司2Ts、洋蔥1/4個、麵包粉1Ts、雞蛋1個、油2Ts、巴沙米可醋佐醬2Ts－參考佐醬食譜、鹽巴少許、胡椒少許

跟著這樣做

01 杏鮑菇等食材切成小丁狀，紅椒對半切去籽。
02 平底鍋倒入油，放入洋蔥丁、杏鮑菇拌炒至咖啡色。食材炒好後放涼。
03 碗中放入牛肉末、②的洋蔥丁、杏鮑菇、麵包粉、雞蛋（所有的內餡材料）混合均勻。
04 ③的內餡材料用鹽巴和胡椒調味。
05 用調味好的內餡把紅椒填滿。
06 烤箱用180度預熱，烤15分鐘即可。

清脆爽口的

紅椒雞肉佐番茄白醬義大利麵

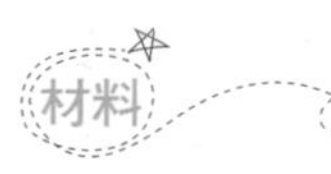

義大利麵90g、雞腿肉或雞胸肉1/2片、紅椒1/4個、花椰菜一株、番茄紅醬1/4杯（50）、雞骨高湯1/4杯（50）－參考佐醬&高湯食譜、橄欖油2Ts、蒜頭末1瓣、鹽少許、胡椒少許、印地安香料粉1/2Ts、鮮奶油1/2杯（100）、洋蔥1/4個、紅椒粉少許

跟著這樣做

01 雞肉切成大塊，用印地安香料粉、鹽巴、胡椒調味，並醃製30分鐘左右。

02 花椰菜和紅椒切成和雞肉一樣的大小。

03 平底鍋倒入油，放入洋蔥丁、紅椒粉、雞肉、花椰菜和紅椒炒一炒。

04 倒入雞骨高湯用中火燉煮約1分鐘，待高湯稍稍收汁。

05 放入番茄紅醬和鮮奶油，用小火將佐醬煮熟。

06 義大利麵用鹽水煮至Al Dente（參見P.19 TIP），可稍微看到麵心的程度。

07 準備好的佐醬與義大利麵混合均勻。

幫助消化的

韭菜海鮮焗烤

料理時間 **20**分

材料

紅椒1/2個、豬絞肉60g、大蒜麵包3片、洋蔥1/4個、莫札列拉起司2Ts、橄欖油2Ts、鹽少許、胡椒少許

跟著這樣做

01 紅椒和洋蔥切成薄細絲。

02 豬絞肉用鹽巴和胡椒醃製30分鐘左右。

03 平底鍋倒入油，放入切好的洋蔥、紅椒和豬絞肉炒一炒。

04 處理好的紅椒、洋蔥、豬絞肉放在麵包上頭，灑上莫札列拉起司。

05 放入微波爐或烤箱，烤到起司稍稍融化的程度。

01

03

04

TIP

融化後的莫札列起司，稍微放涼後再食用，更能享受到Q彈的口感。

PART 2
料理時間
菠菜起司炒蛋
20分
菠菜莫札列特
起司吐司
20分
菠菜培根煎蛋
20分
番茄炒蛋
15分
番茄鮮蝦蛋捲
15分
番茄莫札列特起
司三明治
15分
烤茄子佐莫札列
特起司
25分
茄子&葡萄乾&
番茄義大利麵
30分
法式茄子薄餅
35分
雞肉花椰菜佐奶
油白醬義大利麵
25分
雞胸肉沙拉
20分
雞胸肉可頌堡
20分

Buon appetito
慰勞身心的夏日飯桌

Buon appetito是義大利文「祝您好胃口」的意思。

當短暫的春意消失時，代表著夏天真正開始了。
義大利的夏天和韓國的夏天沒有什麼不一樣，
平均氣溫在 35°C上下徘徊，高溫炎熱不斷持續著。
正因如此，義大利的夏休假期平均長達 10 天。

這幾年來，韓國夏天也是熱的不像話。灼熱的太陽和逐漸變長的日照時間，大地的熱氣不斷地湧上。到夜晚依然炎熱的熱帶夜、持續一周的梅雨季… 體力、膚質狀態等，讓整體健康狀況都下滑的季節正是夏天，所以人們才會特地選在夏天進補。
夏天除了要注意飲食之外，更要注意維持體形。利用當季菠菜、番茄、茄子和補品中經常使用的雞胸肉，做成 12 道營養滿分的料理。

初夏 平均氣溫20～25°C，最高氣溫25°C以上
夏天 日平均氣溫25°C以上，日最高氣溫30°C以上
夏末 日平均氣溫20～25°C，日最高氣溫25°C以上

柔嫩順口的營養點心

菠菜起司炒蛋

夏天第一個想到的就是營養補品，這次我們將用深綠色的菠菜來做料理！有菠菜（100g：30kcal）富含維他命B1、維他命B2、菸鹼酸、皂苷、糖、蛋白質、脂肪、纖維質、鈣質、鐵、葉酸。除此之外，菠菜更是所有蔬菜中，含有最多蘋果酸、碘（iodine）、維他命C的一種。

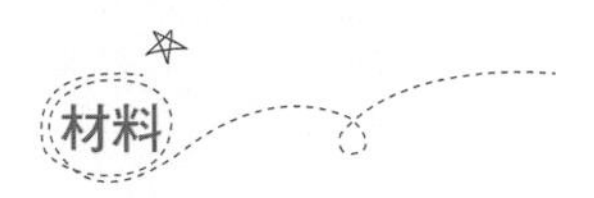

雞蛋3顆、菠菜一把（30g）、鮮奶油1/4杯（50）、起司片1張、奶油1/2 Ts、橄欖油1Ts、鹽少許

跟著這樣做

01 菠菜清洗備用。
02 雞蛋和鮮奶油在碗中混合均勻，用少許鹽巴調味。
03 平底鍋放入油和奶油，將菠菜稍微炒一炒。
04 蛋液倒入同一個鍋中，用小火攪拌至熟。
05 炒蛋呈盤，最後將起司片放在炒蛋上。

比起料理至全熟（Well-done），雞蛋料理至5分熟（Mediem）程度是美味的秘訣，因為能品嚐到炒蛋軟嫩的口感。

為發育期孩子準備的

菠菜莫札列特起司吐司

料理時間**20**分

材料

吐司2片、莫札列特起司1/2個、菠菜1把、美奶滋1Ts、奶油1Ts、鹽少許

跟著這樣做

01 菠菜用鹽水汆燙後，將多餘的水分擰乾。

02 奶油在平底鍋中融化後，將菠菜炒一炒。

03 莫札列特起司切成薄片（也可使用超市販賣的一般起司）。

04 吐司用平底鍋煎一煎，均勻塗上美乃滋後，放上菠菜和莫札列特起司。

05 吐司去邊對切成三角形。

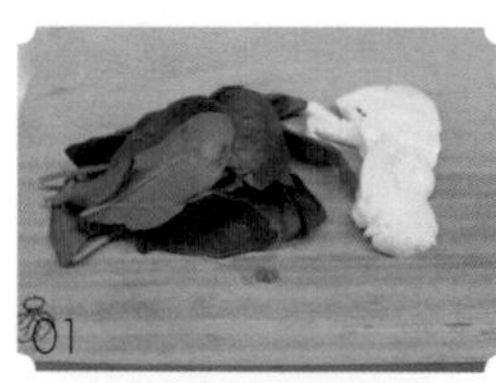

TIP

切下來的吐司邊放入冷凍庫保存，之後可以磨成麵包粉再利用。

富含維他命的健康料理

菠菜培根煎蛋

雞蛋3顆、菠菜1把、培根3片、小番茄3個、橄欖油1Ts、奶油1Ts、鹽少許、胡椒少許

跟著這樣做

01 培根切成細丁狀，其他食材切成適當大小。

02 雞蛋放入碗中混合均勻，加入少許鹽巴調味。

03 平底鍋倒入油和奶油，加入培根、番茄和菠菜一起拌炒。

04 蛋液倒入同一個鍋中，用小火慢慢煮熟。

05 按照各人喜好調整雞蛋的熟成程度。

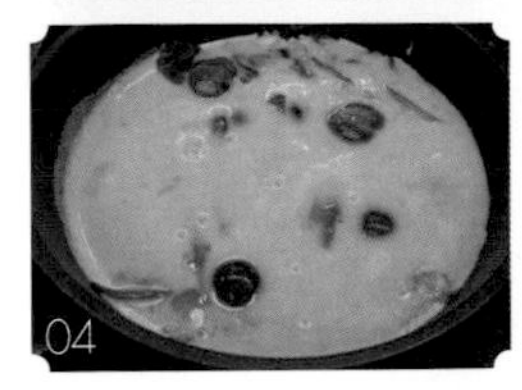

要將雞蛋翻面一直是最困難的步驟。翻面時，利用相同大小的平底鍋或是類似大小的盤子，翻面就不再那麼困難。利用這個小訣竅，你也能做出漂亮的煎蛋料理。

烤出維他命K美味的
番茄炒蛋

番茄（100g：14kcal）含有的抗酸化劑能防止血栓的產生，預防腦中風和心肌梗塞，對延緩老化、抗癌、降低血糖有卓越的效果。所含的蘆丁可強化血管，鈣質則能幫助預防高血壓，番茄更含有大量能預防骨質疏鬆症和老年痴呆的維他命K。

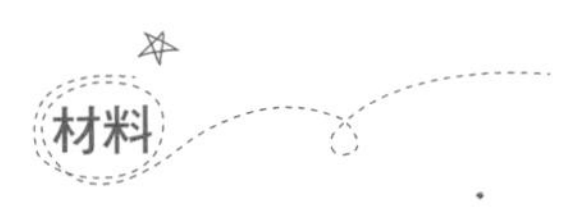

雞蛋2顆、鮮奶油1/4杯（50）、番茄1/2個、莫札列特起司1/2個、奶油1/2 Ts、巴沙米可醋佐醬1Ts －參考佐醬食譜、鹽少許、胡椒少許

跟著這樣做

01 番茄和莫札列特起司切成圓狀。
02 鍋中不倒入油，將番茄和起司稍微烤一下。
03 雞蛋和鮮奶油混合均勻，用鹽巴稍微調味。
04 奶油放入平底鍋後，將蛋液倒入。
05 開小火，一邊攪拌蛋液，慢慢將蛋炒熟。
06 炒蛋呈盤後，依序放入番茄和莫札列特起司。
07 巴沙米可醋佐醬淋在番茄和莫札列特起司上。

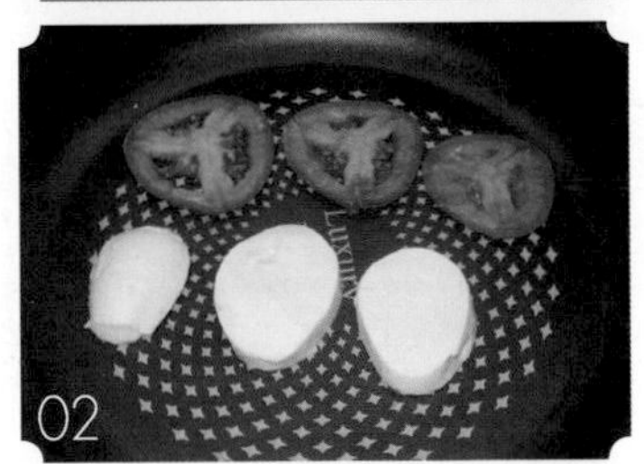

有效預防骨質疏鬆症的

番茄鮮蝦蛋捲

奶油，真的像我們想的一樣只有壞處嗎？
奶油（100g：747kcal）含有人體必需脂肪酸中的油酸成分，可幫助成長發育，並促進腦細胞活動。

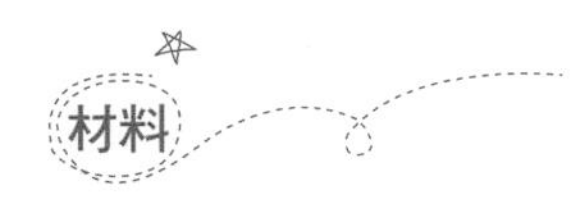

材料

蝦子3隻、番茄2顆、洋蔥丁1/4顆、雞蛋2顆、奶油1Ts、鹽少許、胡椒少許

跟著這樣做

01 蝦子從中對半剖開，番茄切成丁狀。
02 用叉子將雞蛋打散混合均勻。
03 奶油在平底鍋中融化後，將蝦子、洋蔥丁、番茄稍微炒一炒。
04 用鹽巴和胡椒調味。
05 倒入蛋液，開小火將蛋慢慢煎成歐姆雷特的樣子。

01

03

05

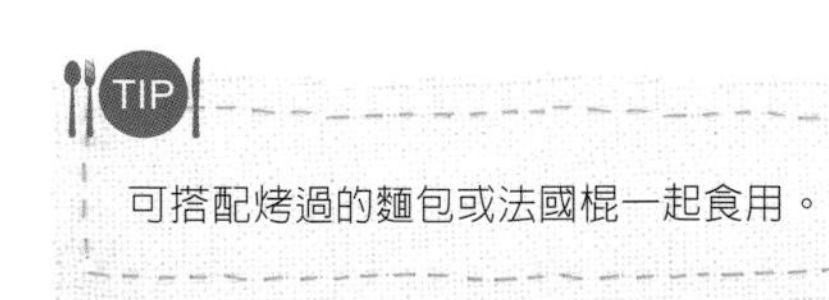

TIP

可搭配烤過的麵包或法國棍一起食用。

優雅預防老化的

番茄莫札列特起司三明治

料理時間 15分

吐司2片、番茄1/2個、莫札列特起司1/2個、萵苣1片、美奶滋1Ts、橄欖油1/2Ts、豆苗1把、鹽少許

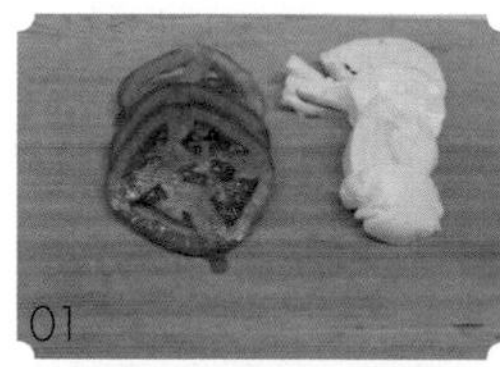

01

04

06

跟著這樣做

01 番茄和莫札列特起司切片。
02 萵苣切成適合入口的大小。
03 吐司均勻塗上美乃滋。
04 按照順序放上萵苣、番茄、莫札列特起司。
05 灑上鹽巴和橄欖油再蓋上吐司。
06 將吐司邊切掉，放上豆苗即完成。

時代雜誌評選十大超級食物之一 番茄!

做成沙拉、打成果汁、用橄欖油煎烤，番茄不管怎麼料理都很好吃！番茄不僅方便食用、味道美味，對身體有益處是大家都知道的事實，它更是被選為對現代人身體最好的超級食物。

番茄含有茄紅素的成分，正是其被選為超級食物的原因。含有茄紅素的紅色食物，除了有番茄，還有西瓜、草莓、石榴、葡萄柚、芭樂、甜柿…等。相較於甜柿，番茄含有的茄紅素有19倍之多。

茄紅素含有強效的抗氧化劑成分，所以人體須適量攝取。番茄對預防前列腺癌也有一定的效果，美國公開的研究報告指出，吃披薩時攝取較多番茄的男性，罹患前列腺癌的機會較低。歐洲眾多國家中，攝取較多番茄的義大利，男性因前列腺癌的死亡率也相對較低。

比起過去，最近人們更注意飲食的健康。如果擔心健康的話，推薦您多攝取番茄。番茄除了有抗癌效果，更可防止老化。比起水果和白飯，番茄的熱量也較低，可預防心血管疾病和調解血糖，更可有效減肥。

美味食用番茄的方法

完熟的紅番茄 紅色番茄帶有大量的甜味，因此適合做成番茄紅醬。

半熟的番茄 一般來說青色番茄摸口感較硬，所以適合作成卡普列茲沙拉（Caprese Salad）和烤番茄。

小番茄 比起大番茄，小番茄吃起來更加甘甜，因此經常用在義大利麵中。小番茄的體積也較小，也經常做為盤飾。

減肥效果滿分！

烤茄子佐莫札列特起司

茄子（100g：16kcal）所含的茄色能吸收脂肪，溶解血液中的老廢物質，讓血液變乾淨。特別是和脂肪高的食物一起吃時，能夠抑制血液中的膽固醇上升。茄子也能有效預防高血壓和動脈硬化。

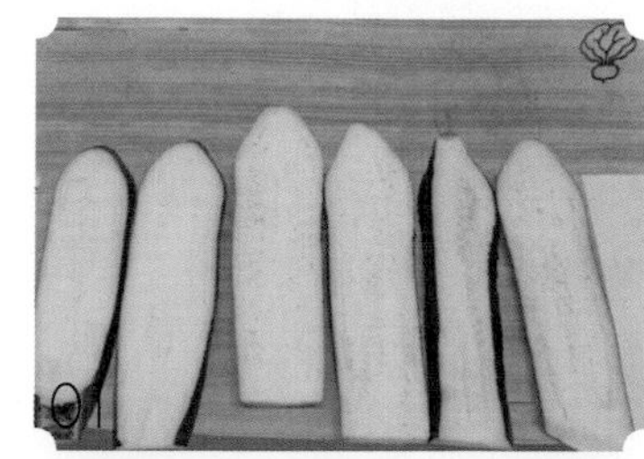

茄子1個、番茄紅醬1/2杯（100）－參考佐醬食譜、莫札列特起司（或披薩起司）1個、羅勒少許、麵粉少許、橄欖油5Ts、帕馬森起司1Ts、鹽少許

跟著這樣做

01 茄子用菜刀切成2mm的薄片（約6片）。
02 茄子稍微塗上麵粉後，在倒入油的平底鍋中，將茄子烤到上色。
03 將烤過的茄子一面塗上番茄紅醬。
04 放上莫札列特起司薄片和少許的羅勒後，將茄子捲起。
05 撒上番茄紅醬和帕馬森起司。
06 用烤箱或微波爐將莫札列特起司烤至融化。

因為茄子特殊的氣味，所以有許多小孩子討厭吃茄子。若家中的孩子總是喜歡吃油炸食品，可以讓他嚐嚐這道料理，是一道非常有營養的點心。

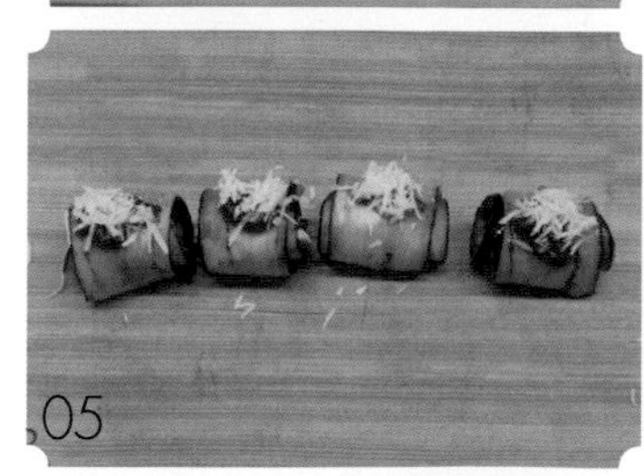

香氣和健康滿點！

茄子&葡萄乾&番茄義大利麵

葡萄乾（100g：274kcal）是將葡萄曬乾後做成的，其富含多種維他命、礦物質和鐵質。另外，葡萄乾也含有無脂肪的碳水化合物和纖維質，能有效預防便秘和老化。

材料

義大利麵90g、茄子1/2個、洋蔥1/4個、番茄紅醬1杯（200）、雞骨高湯1/4杯（50）－參考佐醬&高湯食譜、橄欖油3Ts、松子少許、葡萄乾少許、香芹粉少許、鹽少許、胡椒少許

跟著這樣做

01 洋蔥和茄子切成丁狀。

02 平底鍋中倒入油，放入洋蔥、松子、葡萄乾、茄子炒一炒。

03 在②的鍋中倒入高湯熬煮1分鐘，接著倒入番茄紅醬。

04 義大利麵用鹽水煮熟。

05 灑入香芹粉，義大利麵和醬料混合均勻。

TIP

如果沒有新鮮的香芹，利用乾燥的香芹粉即可。

捲起脆口的營養們～

法式茄子薄餅

醋（100g：20kcal）能夠促進新陳代謝，幫助恢復食慾及消除疲勞，具有延緩衰老的作用。

材料

（3個份量） 茄子1個、番茄紅醬1/4杯（50）－參考佐醬食譜、葡萄乾1Ts、莫札列特起司（披薩起司）2Ts、松子1Ts、砂糖1/2 Ts、醋2Ts、橄欖油2Ts、鹽少許

薄餅麵團（5張份量）

牛奶150g、麵粉75g、奶油20g、雞蛋1顆

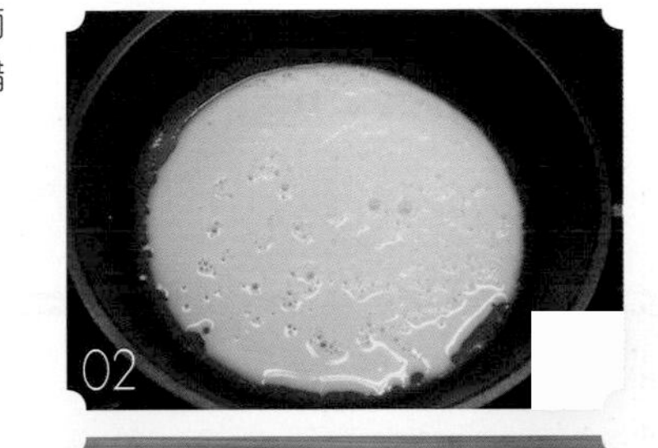

跟著這樣做

薄餅麵團的做法

01 麵粉過篩後，和牛奶混合均勻。加入融化的奶油和雞蛋，並用鹽巴調味。

02 不沾鍋上放入少許奶油，麵糊盡可能地薄薄塗在鍋上烤熟。

03 烤至金黃色。

薄餅內餡的做法

04 茄子切成丁狀。

05 平底鍋中倒入油，將茄子、松子、葡萄乾炒一炒後，再倒入番茄紅醬（30g）、砂糖、醋、鹽拌炒。

06 用烤過的薄餅將炒好的茄子和莫札列特起司，像壽司一般捲起。

07 捲好的薄餅淋上番茄紅醬（20g），用烤箱（或微波爐）將起司烤至融化。

TIP

使用不冰的牛奶，麵糰才會柔軟，且不會產生顆粒。

富含膠原蛋白的

雞肉花椰菜佐奶油白醬義大利麵

夏天得同時注意體重和健康管理，相當辛苦吧？
雞胸肉（100g：109kcal）的卡路里雖低，卻富含蛋白質，減肥效果可說是滿分。
雞胸肉更含有豐富的膠原蛋白，能改善膚質和預防老化。肉類中，雞肉所含的必需脂肪酸最高。另外，雞肉更含有能夠預防成人病、維持適當的血液黏度和促進活化人體生理機能的不飽和脂肪酸－亞麻油酸。

義大利麵90g、雞胸肉1/2個、花椰菜1把、小番茄5個、鮮奶油1杯（200）、雞骨高湯1/4杯（50）－參考高湯食譜、洋蔥1/4個、橄欖油1Ts、香芹粉少許、鹽少許、胡椒少許

跟著這樣做

01 雞胸肉切成塊狀，用鹽巴和胡椒調味後，稍稍靜置一會。
02 小番茄對半切，花椰菜切成適合入口的大小，洋蔥切成細末。
03 平底鍋中倒入油，放入洋蔥丁、花椰菜、小番茄、雞胸肉炒一炒。
04 倒入高湯熬煮1分鐘後，加入鮮奶油。
05 義大利麵用鹽水煮熟。
06 灑入香芹粉，將義大利麵和醬料混合均勻。

料理的前一天，將雞胸肉用油醃製後靜放，能讓肉質變得更加柔軟。

高蛋白低熱量的代名詞

雞胸肉沙拉

料理時間 **20**分

雞胸肉1塊、芹菜1根、萵苣1片、紅蘿蔔1/8根、小番茄5個、檸檬佐醬3Ts－參考佐醬食譜、洋蔥1/4個、鹽1Ts

跟著這樣做

01 鍋子中倒入水（約3杯），放入鹽巴和洋蔥煮至滾。

02 水煮開後放入雞胸肉，用小火煮15分鐘。

03 雞胸肉煮熟後，切成適當大小。

04 芹菜和紅蘿蔔也切成適當大小，小番茄對半切。

05 將所有材料放入碗中，淋上檸檬佐醬混合均勻即完成。

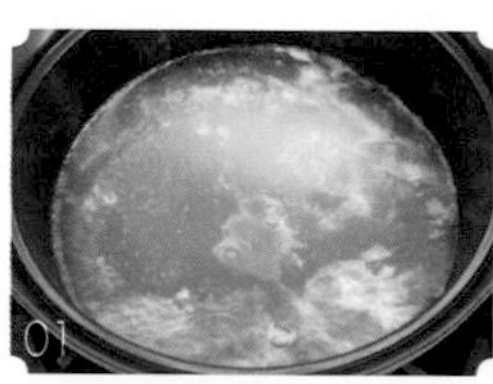

營養價值高的小點
雞胸肉可頌堡

料理時間 **20**分

可頌麵包3個、雞胸肉1塊、番茄1/4個、起司1片、萵苣1片、蜂蜜芥末醬（第戎芥末醬2Ts、蜂蜜1Ts）、美乃滋1Ts、橄欖油1Ts、鹽少許、胡椒少許

跟著這樣做

01 雞胸肉切成薄片後，塗上鹽巴、胡椒、橄欖油後，醃製靜置1小時。
02 可頌麵包對半切開，內裡塗上美乃滋。
03 平底鍋倒入油，用小火將雞肉煎熟。
04 番茄切成圓圈狀，萵苣切成適合入口的大小。
05 可頌麵包依序放上萵苣、番茄、起司、雞胸肉。將蜂蜜芥末醬的材料放入碗中，混合均勻，最後再淋到麵包上。

可頌麵包切成適合入口的小塊後，可利用牙籤固定住，如此一來食材就不會四散。

PART 3
料理時間
花枝凱薩沙拉
20分
炸花枝圈
10分
烤花枝佐香草
20分
烤鮑魚佐
巴沙米可醋醬
15分
鮑魚白醬
義大利麵
25分
鮑魚燉飯
25分
地瓜濃湯
20分
地瓜培根焗烤
25分
義式烤麵包佐牛
肉甘藷泥
20分
紅蘿蔔濃湯
20分
紅蘿蔔蛋糕
45分
奶油紅蘿蔔
25分
馬鈴薯火腿散蛋
15分
烤野菜馬鈴薯佐
莫札列特起司
30分
馬鈴薯大蔥濃湯
20分

Ciao
鞏固健康的換季飯桌

Ciao是義大利文中「你好」的意思。

夏秋換季期間，記得注意身體健康！

我們的身體不分晝夜地和炎熱進行一場場的戰爭，因此當夏天進入尾聲時，總是令人感到開心。但，有位不速之客卻在夏末埋伏著，換季期間日夜溫差加劇，陰晴不定的氣溫總將我們玩弄於股掌之間。韓國是個四季分明的國家，因此換季期共有四次。相較於其他季節的變遷，夏秋之間的日夜溫差最為明顯，因此我們得更加注意身體狀況，小心不要被病魔襲擊。

韓國夏秋換季時，就像是長時間待在三溫暖中，突然走到室外的感覺。我們的身體在夏天吸收了許多熱氣，因此要趁秋天好好舒緩這股熱氣，同時聰明地攝取能讓身體戰勝寒冬的營養食品。

這一章節中，我特地準備了一系列的換季營養菜單。食材有富含人體必需胺基酸的地瓜；高蛋白質並能幫助血液循環的花枝；對於皮膚美容、滋養強壯、產後護理、改善虛弱體質…等具有卓越功效的鮑魚；富含大地能量的馬鈴薯和紅蘿蔔。我們將利用這些食材，變換出一系列的菜色，在換季期間維持身體健康。

料理時間 20分

喚醒昏沉腦袋的

花枝凱薩沙拉

花枝（100g：87kcal）所含的牛磺酸和高蛋白質，有助於促進血液循環。牛磺酸可有效消除疲勞，抑制降低人體吸收膽固醇的能力。花枝亦能促進胰島素的分泌，可預防糖尿病、心血管疾病、恢復視力、強化肝臟的解毒功能，甚至還能預防偏頭痛。

材料

花枝1尾、麵包1個、羅蔓葉10片、培根2片、凱薩醬3Ts－參考醬料食譜、橄欖油1Ts、帕馬森起司片1Ts、鹽少許、胡椒少許

01

跟著這樣做

01 花枝處理乾淨後，切成圓圈狀或長條狀；培根和麵包切成丁狀。

02 平底鍋倒油，放入花枝、培根和麵包煎一煎，用鹽巴和胡椒調味。

03 羅蔓葉切成適當大小。

04 將羅蔓葉、培根、烤麵包和花枝放入大碗裡。

05 將所有材料和凱薩醬混合均勻。

06 食材呈盤，最後灑上帕馬森起司即完成。

02

03

TIP

建議在料理前一天，先將花枝處理好，並泡在牛奶中備用。
如此一來，花枝會變得更加美味可口。

04

聰明小孩愛吃的

炸花枝圈

酸甜清爽的檸檬（100g：31kcal）能有效維持肌膚健康、預防感冒（含有大量維他命C）和消除疲勞。同時有助預防腎結石、高血壓和心肌梗塞，且能保護血管和改善血液循環。

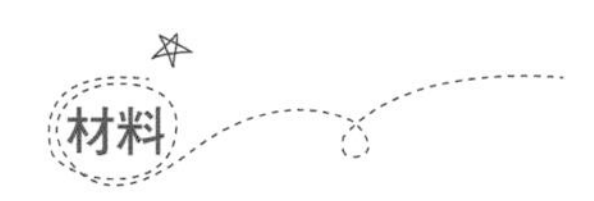

材料

花枝1尾、麵包粉2Ts、檸檬佐醬1Ts－參考佐醬食譜、油炸用油5杯（1000）、檸檬1/2個、鹽少許

跟著這樣做

01 花枝洗淨後，切成適當大小的圓圈狀。
02 切好的花枝均勻地沾裹上麵包粉。
03 油溫預熱至160度，放入花枝油炸。
04 花枝炸好後，立刻灑上少許的鹽巴調味。
05 花枝圈呈盤後，淋上檸檬佐醬即完成。

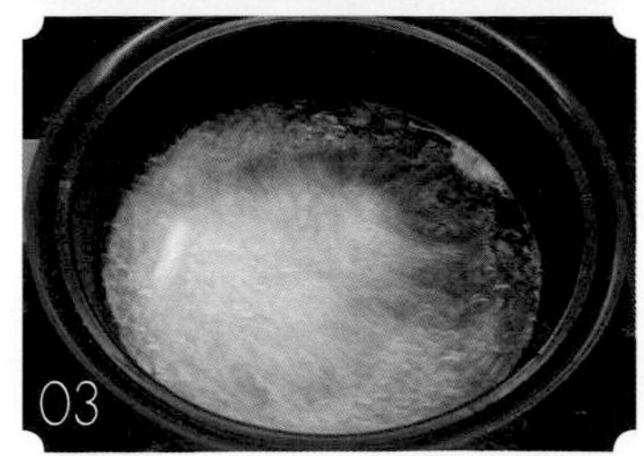

TIP

❶ 義大利文中的「Frito」代表「油炸」的意思。
❷ 花枝放進裝有麵包粉的塑膠袋搖一搖，便可均勻地沾裹上麵包粉。

高蛋白的營養點心

烤花枝佐香草

迷迭香能提升花枝的風味。
迷迭香（100g：29kcal）又被稱為「海洋之露」，
它能促進脂肪分解，熱量又低有助減肥。
迷迭香同時也富含鉀、鈣、鐵和維他命等成分。

材料

花枝1尾、小番茄10個、豆芽一把、巴沙米可醋佐醬2Ts－參考佐醬食譜、橄欖油2Ts、迷迭香少許、香芹少許、鹽巴少許、胡椒少許

跟著這樣做

01 挖出花枝的內臟清洗乾淨。花枝外表塗上一層油，並均勻沾裹迷迭香和香芹粉。
02 花枝切成3cm厚度的圓圈狀。
03 平底鍋倒油，將花枝煎熟。
04 用鹽巴和胡椒調味。
05 小番茄放入同一個鍋子中炒一炒。
06 花枝圈塞入番茄和豆芽等食材，最後淋上巴沙米可醋佐醬即完成。

滋陰補陽的極品料理

烤鮑魚佐巴沙米可醋醬

鮑魚（100g：79kcal）含有豐富的蛋白質和維他命，在皮膚保養、滋陰補陽、產後調理、改善虛弱體質…等方面都有顯著的效果。鮑魚在消除視神經疲勞，更有著出色卓越的功效。同時它也富含維他命、鈣、磷等礦物質成分，自古就被作為孕婦產後調理用的營養食材。

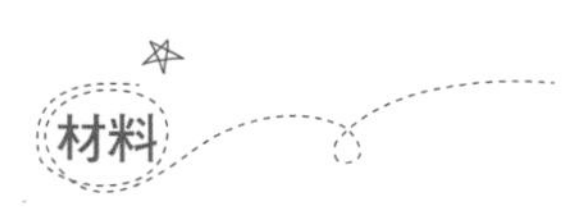

鮑魚1個、杏鮑菇1個、花椰菜1把、豆芽1把、巴沙米可醋佐醬1Ts－參考佐醬食譜、橄欖油2Ts、鹽巴少許

跟著這樣做

01 從殼上將鮑魚肉取下，切成2mm厚的片狀。
02 花椰菜和杏鮑菇切成適當大小。
03 花椰菜汆燙備用。
04 平底鍋倒油，放入鮑魚、香菇、汆燙過的花椰菜炒一炒。
05 ④和豆芽一起放入盤中，最後淋上巴沙米可醋佐醬。

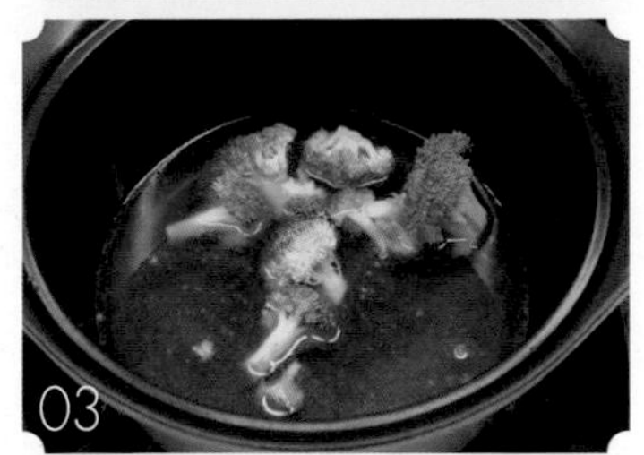

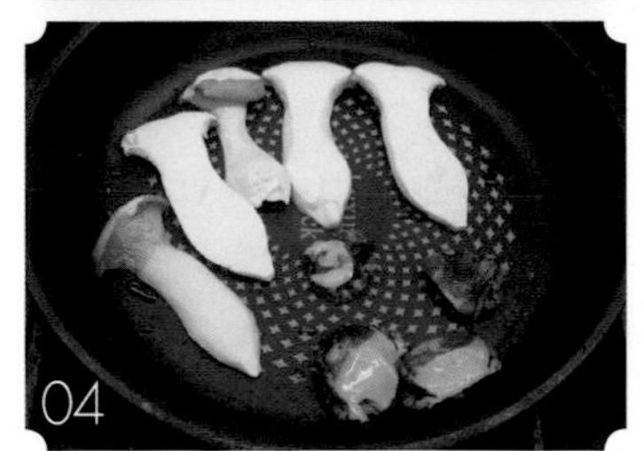

要取下鮑魚肉時，總覺得很難用吧？試試看湯匙吧！取下鮑魚肉其實可以很簡單！

富含礦物質的

鮑魚白醬義大利麵

義大利麵90g、鮑魚1個、花椰菜一把、培根3片、橄欖油1Ts、煮麵用的鹽水3Ts、奶油白醬1人份（200g）－參考佐醬食譜

跟著這樣做

01 取下鮑魚肉，切成薄片。
02 花椰菜切大塊。
03 平底鍋倒入油，培根炒至酥脆後，放入鮑魚和花椰菜拌炒均勻。
04 義大利麵用鹽水煮熟。
05 ③的鍋中倒入義大利麵水，熬煮10秒左右。
06 加入義大利麵和奶油白醬，用小火拌炒。
07 當白醬漸漸變濃稠後，把火關掉繼續攪拌至均勻。

消除視覺疲勞的
鮑魚燉飯

料理時間25分

材料

鮑魚1個、米1/2杯、洋蔥1/4個、雞骨高湯5杯（1000）－參考高湯食譜、秀珍菇1把、奶油1Ts、橄欖油1Ts、帕馬森起司2Ts、鹽巴少許、胡椒少許

跟著這樣做

01 秀珍菇、米洗好備用；將鮑魚肉取下，切成薄片。

02 平底鍋倒油，放入洋蔥丁、生米、秀珍菇和鮑魚拌炒均勻。

03 一邊拌炒②的材料，一邊加入胡椒和鹽巴調味。

04 倒入雞骨高湯後，不斷攪拌生米燉煮至熟。

01

03

04

05 米煮熟後，加入奶油和帕馬森起司混合均勻。

TIP

為了避免起司結塊，燉飯的最後一個步驟中，記得要先放奶油，最後再加帕馬森起司。

甜美又飽足的一餐

地瓜濃湯

料理時間 **20**分

地瓜（100g：128kcal）含有的食物纖維吸附力相當強，食物纖維能夠吸附引發大腸癌主因的膽汁老廢物、膽固醇、脂肪等物質，將之排出體外。地瓜更能防止脂肪堆積在心血管系統中，進而預防動脈硬化，是極具營養的食材。

地瓜1個（中型大小）、牛奶2杯、杏仁少許、奶油1Ts、大蔥（白色部位）1根、鹽巴少許、胡椒少許

跟著這樣做

01 地瓜去皮，切成塊狀。
02 大蔥切成塊狀。
03 平底鍋倒入油，放入大蔥和地瓜稍稍拌炒。
04 ③的材料加入牛奶，用小火攪拌熬煮。食材煮熟後，用食材攪拌機打碎混合均勻。
05 用鹽巴和胡椒調味，裝入碗中後，最後放上杏仁片即完成。

01

03

04

含有9種必需胺基酸～

地瓜培根焗烤

可隨手取得的料理食材
雞蛋（100g：158kcal）是低熱量、低脂肪的減肥食品。
鮮黃色的蛋黃含有一種叫做生物素的維生素，能預防掉髮。
同時，生物素也被運用在治療糖尿病上。

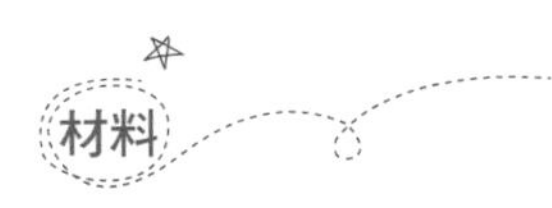

全熟地瓜 1個、培根3片、鮮奶油1杯（200）、雞蛋1個、披薩用起司粉1Ts、香芹粉少許、鹽巴少許、胡椒少許

跟著這樣做

01 全熟地瓜剝皮，切成塊狀。
02 培根切成適當大小後，放入鍋中稍微炒一下。
03 鮮奶油、雞蛋和帕馬森起司放入碗中混合均勻。
04 ③的鮮奶油醬、地瓜、培根和披薩起司放入焗烤容器中。
05 烤箱預熱至180度，烤15分鐘左右。
06 灑上少許的香芹粉。

美味簡單又有格調

義式烤麵包佐牛肉甘藷泥

許多料理都漸漸開始使用橄欖油入菜，橄欖油所含的維生素原能協助人體細胞膜的形成並抗酸化，同時其含有的不飽和脂肪酸也有助美容。

沙朗牛排1片、甘藷（地瓜）1個、大蒜麵包2個、牛奶1/2杯（100）、橄欖油1 Ts、豆苗少許、胡椒少許

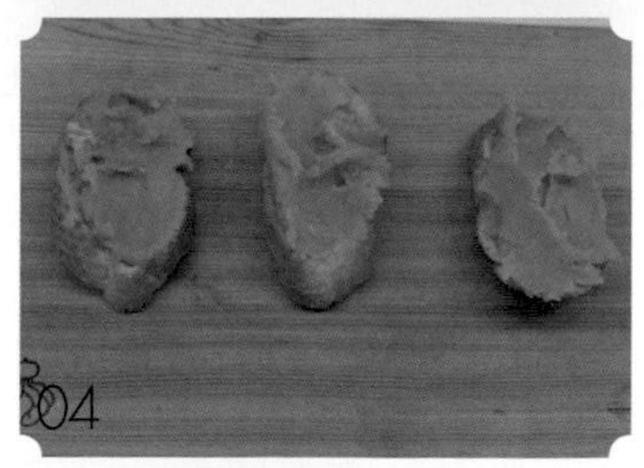

跟著這樣做

01 地瓜水煮剝皮，利用叉子將之壓成碎塊。

02 ①壓碎的地瓜中倒入牛奶，用小火燉煮攪拌成地瓜泥。

03 平底鍋倒油，牛排放入煎烤，並用鹽巴和胡椒調味。

04 大蒜麵包舖上滿滿的地瓜泥。

05 ④的上方擺上牛肉和少許的豆芽即完成。

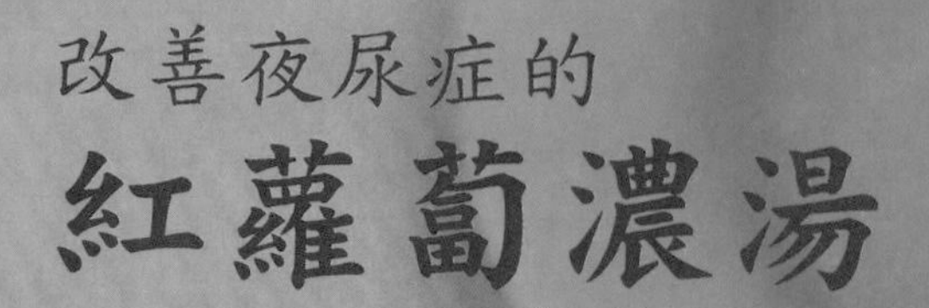

改善夜尿症的
紅蘿蔔濃湯

紅蘿蔔（100g：34kcal）所含的β胡蘿蔔素能促進體內生成維他命A，維他命A除了能保護眼睛和預防改善夜盲症外，它亦有助於維他命A和鐵質的相互作用，進而預防貧血現象。

材料

紅蘿蔔1/2個、馬鈴薯1/4個、牛奶1又1/2杯（300）、洋蔥1/4個、奶油1Ts、大蒜麵包1塊、鹽少許、胡椒少許

跟著這樣做

01 紅蘿蔔和馬鈴薯去皮。洋蔥和紅蘿蔔切成長條狀，馬鈴薯切成塊狀。
02 洋蔥用奶油炒過，再放入紅蘿蔔和馬鈴薯一起拌炒。
03 ②中倒入牛奶，用小火慢慢熬煮。
04 用鹽巴和胡椒調味。
05 紅蘿蔔煮熟後，利用攪拌機混合均勻即完成。

TIP

紅蘿蔔濃湯建議搭配大蒜麵包一起食用，將更加美味。

戰勝焦躁和不安的甜食

紅蘿蔔蛋糕

料理時間 45分

此次食譜中的肉桂（100g：322kcal）可促進血液循環溫暖身軀，以及抑制內臟產生異常的發酵物質，具有防腐效果。寒性體質、虛弱體質和氣血循環不順的人，建議多食用肉桂。

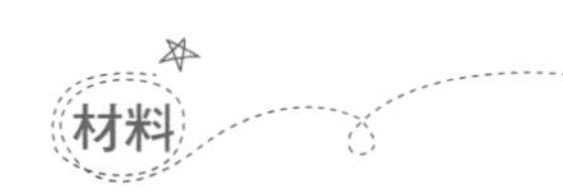

1號蛋糕模（或市面上容易取得的拋棄式蛋糕模具）、過篩的麵粉（低筋）166 g、泡打粉2.5g、肉桂粉1g、雞蛋108g（小雞蛋約2顆）、砂糖175g、鹽1g、橄欖油10g、碎核桃35g、紅蘿蔔100g

奶油乳酪（Cream Cheese）製作法（卡夫菲力奶油乳酪100g、砂糖2Ts、鮮奶油100ml）將所有材料放入碗中，並攪拌至砂糖完全融化為止。

跟著這樣做

01 紅蘿蔔去皮後，用刨絲器削成細絲狀。
02 雞蛋、砂糖和鹽巴混合均勻，攪拌至砂糖完全融化為止。
03 ②中加入麵粉、泡打粉和肉桂粉混合均勻。
04 麵糊加入橄欖油、碎核桃和紅蘿蔔混合。
05 麵糊倒入蛋糕模型約2/3滿。烤箱用175度預熱，烘烤約30分鐘左右。
06 待蛋糕冷卻後，平均切成3等份。
07 蛋糕塗上奶油乳酪，疊好即完成。

TIP

❶ 處理奶油乳酪時，可用溫水隔水加熱，加速砂糖的融化。
❷ 建議前一天先將奶油乳酪做好，並放入冰箱冷藏保存。如此一來，蛋糕將更美味。

簡單且顧及營養的

奶油紅蘿蔔

料理時間**25**分

材料

紅蘿蔔1根、奶油2Ts、砂糖1Ts、水2杯（400）、鹽少許、香芹末少許

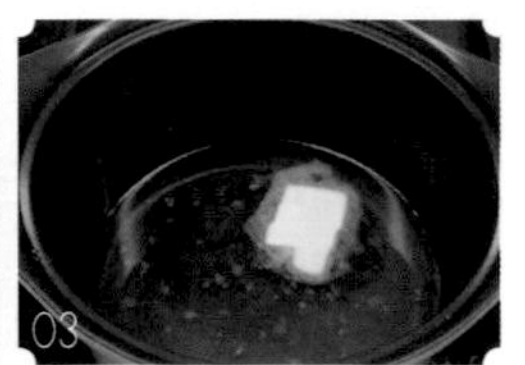

跟著這樣做

01 紅蘿蔔去皮，切成3mm的厚片。
02 鍋子倒水，放入奶油融化。
03 紅蘿蔔、砂糖和鹽巴放入奶油水中。
04 用小火將紅蘿蔔慢慢煮熟。
05 煮好的紅蘿蔔呈盤，灑上香芹粉即完成。

TIP

主食是海鮮或肉類的話，可搭配奶油紅蘿蔔一起食用，即西餐中的配菜（side dish）。

擁抱大自然的根莖類蔬菜 必須食用它的理由

甘藷、紅蘿蔔、桔梗、山蔘、山藥…等，它們的共通點是從地底長出並結成果實，也就是俗稱的根莖類蔬菜。

植物的根除了支持植物不會倒下外，更扮演著吸收和儲存養份的角色。蔬菜的根部深入地底吸取養分長大，對它們來說根部非常重要，且富含著大量營養。

吃根？聽起來雖然很奇怪，但我們在日常生活中，早已不知不覺地攝取大量的根莖類蔬菜。本章節介紹的甘藷和紅蘿蔔，正是根莖類中的代表蔬菜。根莖類蔬菜屬於鹼性類食材能幫助淨化血液，同時也富含大量纖維質能促進排泄。根莖類蔬菜也被稱為「粗食」，可直接食用它們的原生樣貌。根莖類也是抗癌飲食生活中，所強調的「食用原樣貌的天然食物」。

根莖類藏身在具有淨化能力的土壤中，所以比較不會受到其他有毒物質的汙染。土壤直接將營養供給到根莖部位，其所含的營養想必不需贅述。與葉菜類相比，根莖類食材的保存期限較長。料理時，建議先削去一層外皮，也可打成果汁或做成美味的沙拉。

比白飯還讚的碳水化合物

馬鈴薯火腿散蛋

馬鈴薯（100g：55kcal）含有的維他命C能預防老年癡呆和消除壓力，並強化膠原蛋白組織，減緩老化發生的速度。同時，它也含有強健骨骼的鈣質成分。

材料

馬鈴薯1/4個、雞蛋2個、鮮奶油1/4杯（50）、小番茄5個、火腿片2張、奶油1Ts、鹽少許、胡椒少許

跟著這樣做

01 馬鈴薯用鹽水汆燙。

02 馬鈴薯和火腿切成丁狀，小番茄對半切成二等份。

03 雞蛋和鮮奶油混合均勻。

04 用鹽巴和胡椒調味。

05 奶油在平底鍋中融化後，放入馬鈴薯、火腿和小番茄拌炒。

06 在⑤中倒入蛋液邊攪拌，邊用小火煮熟。

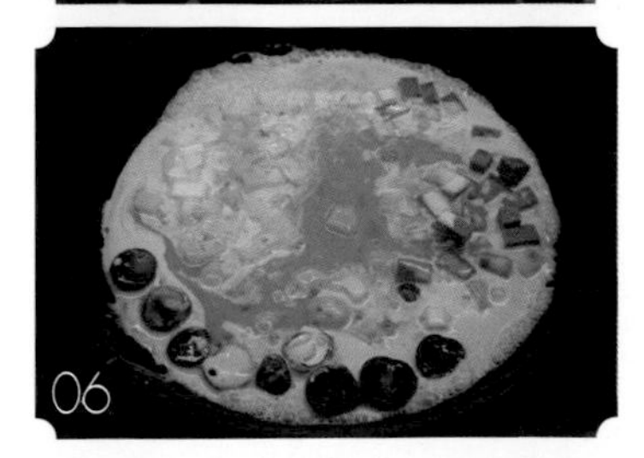

好吃又能預防老年癡呆的

烤野菜馬鈴薯佐莫札列特起司

馬鈴薯1個、夏南瓜 1/8個、甜椒1/4個、茄子1/8個、番茄紅醬1/4個（50）－參考醬料食譜、莫札列特起司（或披薩起司）1/2個、帕馬森起司1Ts、松子1Ts、葡萄乾1Ts、鹽巴少許、胡椒少許

跟著這樣做

01 整顆馬鈴薯用鹽水汆燙至熟。

02 馬鈴薯對半切成兩塊，利用湯匙將中間挖出一個洞。

03 所有的蔬菜都切成丁狀。

04 平底鍋倒入油，將蔬菜炒一炒。

05 ④的食材都熟了以後，放入番茄紅醬、松子、葡萄乾、莫札列特起司混合均勻。

06 炒好的蔬菜塞入馬鈴薯中。

07 馬鈴薯用180度烤10分鐘。

安撫敏感的胃
馬鈴薯大蔥濃湯

料理時間**20**分

材料

馬鈴薯1個（中型）、大蔥（白色部位）1根、牛奶1又1/2杯（300）、培根2片、帕馬森起司2Ts、橄欖油1Ts、鹽少許、胡椒少許

01

03

04

跟著這樣做

01 馬鈴薯去皮切成塊狀。
02 大蔥切成塊狀，培根切細碎。
03 鍋子倒油，放入培根、馬鈴薯和大蔥拌炒。
04 ③中倒入牛奶，用小火煮熟。
05 馬鈴薯熟透後，用攪拌機混合均勻。
06 瓦斯開小火。一邊攪拌，一邊加入帕馬森起司。

PART 4
料理時間
夏南瓜紅蛤
蔬菜湯
25分
夏南瓜鮪魚捲
20分
夏南瓜鮮蝦
橄欖油義大利麵
25分
綜合菇香醋沙拉
10分
義式炸香菇丸
25分
香菇白醬
義大利麵
25分
燻鮭魚乳酪捲
15分
鮭魚三明治
10分
燻鮭魚佐酪梨醬
15分
白鯧佐墨西哥
莎莎醬
30分
米蘭風白魚
20分
紙包悶烤鱸魚
25分
鮮蝦沙拉佐
蘋果醬
10分
牛腰肉排佐蘋果
25分
蘋果汁
20分

Autunno
健康又刺激食慾的浪漫飯桌

Autunno是義大利文「秋天」的意思。

秋天，健康浪漫的餐桌

古語說秋高馬肥，秋天正是刺激人們食慾的季節。特別是在中秋節前後，更是讓人胃口大開的時期。

在韓國，秋天晴朗的藍天看起來比平常還要高又遠，也是季節交替期中的乾季。此季節的早晚溫差大且十分乾燥，過敏症狀越發嚴重，也較容易感冒。另外，人們在秋天很容易嘴饞，所以必須要注意體重的管理。光喝水也覺得美味的秋天有著豐富的食材，除了香菇外，還有富含 OMEGA 3、維他命 A、B、D 可預防高血壓的鮭魚、白魚、清脆的蘋果、圓滾滾且爽口的營養蔬菜夏南瓜。利用這些食材，我們將做出一整桌的健康料理。

初秋 日最高氣溫在25°C以下
秋天 日平均氣溫10～15°C，日最低氣溫5°C以上
晚秋 日平均氣溫5～10°C，日最低氣溫0～5°C

消化吸收良好的

夏南瓜紅蛤蔬菜湯

夏南瓜（100g：38kcal）含有的熱量和糖份高，且有豐富的維他命。夏南瓜營養成分中的鉛有助生殖機能和免疫系統的正常成長發育，並能健康地促進食慾。

紅蛤10個、蛤蠣肉5個、夏南瓜1/8個、馬鈴薯1/8個、小番茄5個、蒜末2瓣、橄欖油1Ts、紅椒少許

跟著這樣做

01 鍋中倒入1/3的水，放入紅蛤煮滾。
02 煮到紅蛤的嘴打開為止。
03 紅蛤高湯過濾後備用，將蛤肉從殼上取下。
04 夏南瓜、馬鈴薯切成丁狀。
05 ④的材料用鹽水汆燙。
06 鍋中倒油，放入蒜頭、紅蛤肉、蛤蠣肉、紅椒拌炒。
07 在⑥的鍋中，倒入紅蛤高湯和夏南瓜、馬鈴薯、對半切的小番茄，用小火熬煮5分鐘。

若紅蛤高湯太鹹，可加水調整鹹味的濃淡。

簡單方便的營養點心

夏南瓜鮪魚捲

料理時間 20分

許多人因為減肥和擔心健康，對美乃滋總是抱持著敬而遠之的態度。不過，美乃滋（100g：656kcal）除了能讓料理吃起來更加爽口外，更含有能降低血液膽固醇的高密度蛋白質HDL成分。

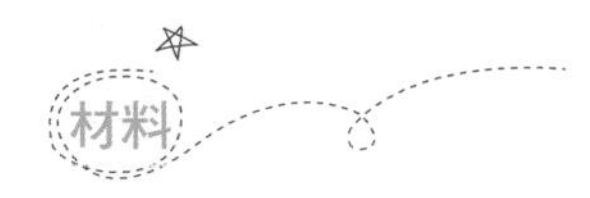

夏南瓜 1/2個、鮪魚罐頭1個、豆芽1把、美乃滋1Ts、橄欖油1Ts、Tabasco 3滴、巴沙米可醋1Ts－參考佐醬食譜，鹽少許、胡椒少許

跟著這樣做

01 夏南瓜用刨絲器削成1mm厚度的長條。

02 ①的夏南瓜用鹽巴和胡椒調味，放入平底油鍋煎一煎。

03 鮪魚去除水分後，加入美乃滋和Tabasco混合均勻備用。

04 將鮪魚放在夏南瓜上，像捲壽司般的捲起。

05 將豆苗放在夏南瓜鮪魚捲上方，最後淋上巴沙米可醋即完成。

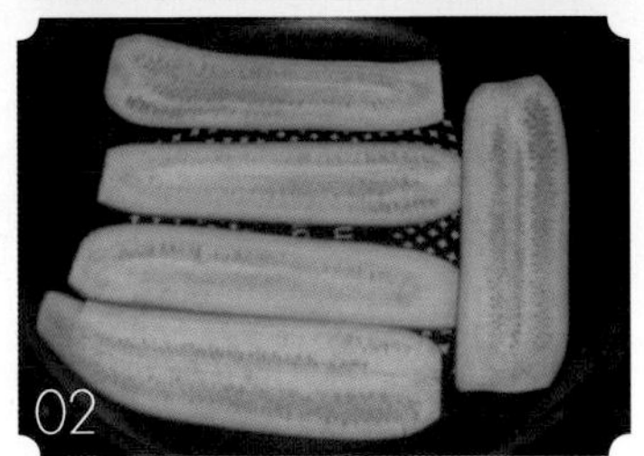

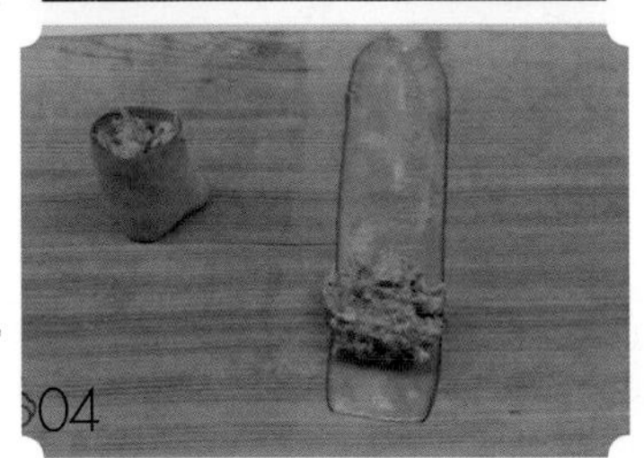

適合因易斷髮質而苦惱的人

夏南瓜鮮蝦
橄欖油義大利麵

料理時間 25分

家中若沒有紅辣椒的話，可用青陽辣椒代替。辣椒的辣味是來自辣椒素，青陽辣椒（100g：57kcal）所含的辣椒素比其他種類的辣椒還豐富，故能提高基礎代謝率，並幫助減肥。

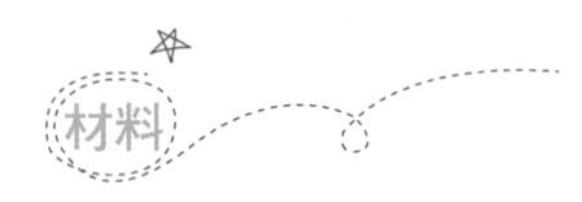

義大利麵90g、蝦子5尾、夏南瓜1/4個、蛤蠣高湯1杯（200）－參考高湯食譜、蒜頭1瓣、香芹末少許、紅椒（或青陽辣椒）少許、鹽少許、胡椒少許

跟著這樣做

01 夏南瓜切成條狀，蒜頭切成碎末。
02 平底鍋倒油，放入蒜末、紅椒、夏南瓜和蝦子拌炒。
03 ②的鍋中倒入蛤蠣高湯，熬煮約1分鐘。
04 義大利麵用鹽水煮熟。
05 放入香芹末、義大利麵與醬料混合均勻。

豐富飽足的一餐

綜合菇香醋沙拉

料理時間 10分

大家都知道香菇是營養食品吧？香菇（100g：38kcal）中，40%的成分是食物纖維，食物纖維能幫助排出腸內的有害物質、老廢物質和致癌物質，並可預防肥胖和清潔血液。豐富的無機質則能提高免疫系統機能，並幫助調解血壓。另外，香菇富含的麥角固醇成分能幫助人體吸收鈣質。

蘑菇2個、杏鮑菇1/2個、秀珍菇一把、豆芽1把、小番茄3個、巴沙米可醋佐醬1Ts－參考佐醬食譜、橄欖油1Ts、帕馬森起司片1Ts、奶油1Ts、鹽少許、胡椒少許

跟著這樣做

01 將所有的香菇切成適當大小。

02 平底鍋倒入奶油和橄欖油，加入香菇拌炒，並用鹽巴和胡椒調味。

03 小番茄對半切。

04 盤中擺入豆芽，並淋上巴沙米可醋佐醬。

05 將香菇和番茄放在豆芽上即完成。

01

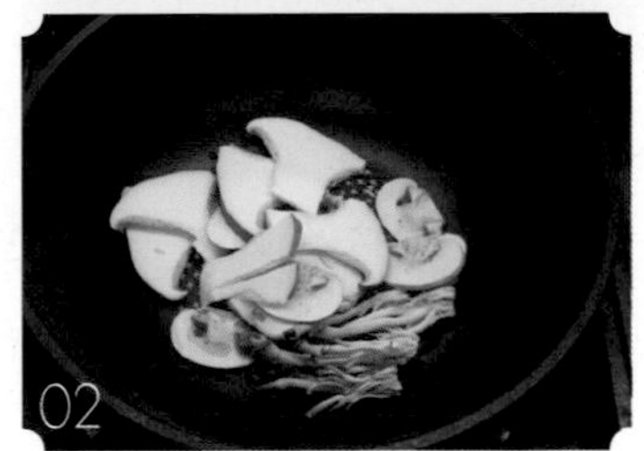
02

04

製作香菇料理時，比起用水清洗香菇，建議使用布將土和異物擦乾淨即可。

酥脆的健康小幫手

義式炸香菇丸

您喜愛吃起來爽口的奶油乳酪（Cream Cheese）嗎？奶油乳酪（100g：301kcal）雖含有脂肪，但由於是以易消化吸收的狀態存在，該脂肪易燃燒且能帶來飽足感。此外，奶油乳酪也富含鈣質、維他命A、維他命B…等成分。

材料

杏鮑菇1個、蘑菇3個、洋蔥1/4個、奶油乳酪（卡夫菲力奶油乳酪[Philadelphia]或馬斯卡邦尼乳酪[mascarpone]）2Ts、麵包粉1Ts、莫札列拉起司1/2個、麵粉1Ts、橄欖油2Ts、油炸用油5杯（1000）、砂糖1/2Ts、香芹粉少許、鹽少許、胡椒少許

跟著這樣做

01 將所有香菇切成丁狀，洋蔥切碎。
02 平底鍋倒油，放入洋蔥丁和香菇拌炒，放涼備用。
03 香菇、莫札列拉起司、奶油乳酪、鹽、胡椒和砂糖放入碗中混合均勻。
04 ③的香菇糊搓成適當大小的圓球。
05 香菇丸依序沾上麵粉、蛋液、麵包粉後，放入鍋中油炸。

TIP

阿朗其尼（Arancini）是義大利文「小橘子」的意思，是義大利西西里島的傳統開胃菜料理。

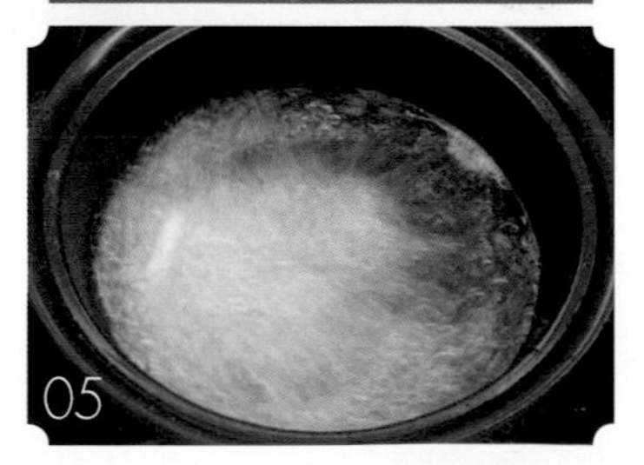

料理時間 **25**分

可安心減肥的

香菇白醬義大利麵

料理食材中的豬肉（100g：236kcal）富含必需胺基酸的蛋白質原，同時亦含有豐富的維他命B1、鐵質、菸鹼酸（水溶性維他命）等成分，這些成分能幫助排出體內的老廢物質。

材料

義大利麵90g、豬絞肉2Ts、杏鮑菇1個、洋蔥丁1/4個、鮮奶油1杯（200）、蒜末1瓣、雞骨高湯1/4杯（50）－參考高湯食譜、橄欖油2Ts、香芹末少許、鹽少許、胡椒少許

01

跟著這樣做

01 香菇切成適當大小。
02 平底鍋倒入橄欖油，放入洋蔥丁、豬肉、香菇拌炒。
03 加入雞骨高湯熬煮1分鐘後，再加入鮮奶油和香芹粉。
04 義大利麵用鹽水煮熟。
05 麵煮好後加入醬料混合均勻。

02

03

TIP

豬肉用鹽巴和胡椒調味後靜置一天，吃起來的口感將更為柔嫩。

05

美味的血管守護者

燻鮭魚乳酪捲

料理時間 15分

大家都知道OMEGA 3的好處吧？鮭魚含有的EPA、DHA屬於OMEGA 3脂肪酸（不飽和脂肪酸）的一種，有助於預防高血壓、動脈硬化、心臟病、腦中風等心血管疾病。同時，鮭魚也含有豐富的維他命A、維他命B群、維他命D、維他命E…等成分。

燻鮭魚3片、奶油乳酪3Ts、原味優格1Ts、砂糖1/2Ts、鹽少許

甜椒佐醬的食材　紅甜椒1/8個、洋蔥1/8個、小黃瓜1/8個、橄欖油1Ts、醋3Ts、砂糖1Ts、鹽少許1/2Ts

跟著這樣做

01 拿出燻鮭魚備用。甜椒、洋蔥、小黃瓜切成丁狀。
02 ①中的蔬菜用醋、油、砂糖和鹽巴調味（即甜椒佐醬）。
03 奶油乳酪、優格、砂糖和鹽巴放入碗中混合均勻。
04 鮭魚塗上③的奶油乳酪後捲起。
05 將鮭魚乳酪捲呈盤，最後淋上甜椒佐醬即完成。

富含維他命能永保青春的

鮭魚三明治

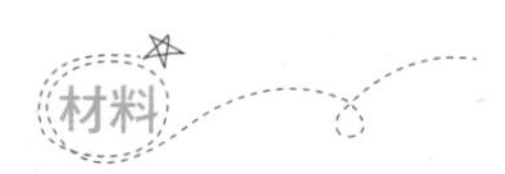

吐司2片、燻鮭魚3片、起司片1片、鮪魚罐頭1/2個、萵苣1片、Tabasco 3滴、美乃滋2Ts

跟著這樣做

01 鮭魚切成適當大小，鮪魚去除水分。
02 Tabasco醬、美乃滋與鮪魚混合均勻。
03 吐司均勻地塗抹上美乃滋。
04 吐司依序夾上燻鮭魚、起司、②的鮪魚和萵苣。
05 盤底放上萵苣葉，最後放上切好的三明治即完成。

預防動脈硬化的

燻鮭魚佐酪梨醬

燻鮭魚3片、酪梨（熟）1/2個、豆苗1把、番茄1/4個、洋蔥1/4個、檸檬佐醬2Ts－參考佐醬食譜、芥末1/2ts（咖啡匙）、蜂蜜1ts（咖啡匙）、鹽少許、胡椒少許

跟著這樣做

01 將熟透的酪梨、番茄、洋蔥切成丁狀。

02 ①的材料放入碗中，加入檸檬佐醬、芥末、蜂蜜、鹽和胡椒。

03 ②的材料混合均勻後，便是所謂的酪梨佐醬。

04 盤中放入豆芽和燻鮭魚，最後淋上佐醬即完成。

白嫩魚肉所含的鮮美健康

白鯧佐墨西哥莎莎醬

料理時間 30分

白鯧屬於白肉海鮮的一種，它富含蛋白質和維他命A與D，能有效預防夜盲症和消除疲勞。白鯧富含鐵質和鈣質成分，不僅能促進孩童發育，也能幫助解除疲勞、預防尿道結石和治療神經性腸胃炎。

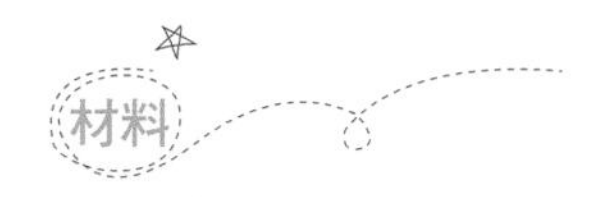

白鯧1尾、番茄紅醬1杯（200）－參考佐醬食譜、蒜末2瓣、小番茄5個、麵粉1Ts、香芹粉少許、紅辣椒少許、鹽巴少許

跟著這樣做

01 白鯧魚身上劃刀，用鹽巴調味，並吸乾水分。
02 白鯧裹上麵粉後，放入平底油鍋中煎烤。
03 煎白鯧的同時，用另一個鍋子將蒜末和紅辣椒炒一炒，並加入新鮮小番茄和番茄紅醬混合均勻。
04 煎好的白鯧放入紅醬中，大約熬煮個5分鐘。
05 待白鯧熟透後，將之切成適當大小呈盤，最後灑上香芹粉即完成。

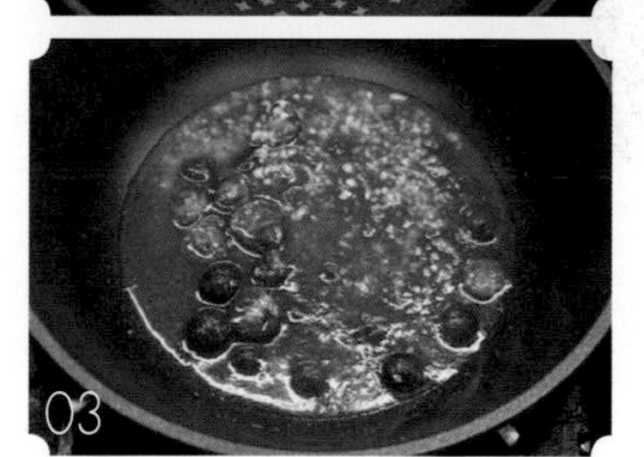

微鹹的營養肉塊

米蘭風白魚

料理時間 **20**分

白肉海鮮（凍明太魚乾或明太魚乾）1塊、雞蛋1個、小番茄10個、橄欖油3Ts、麵粉1Ts、香芹粉少許、麵包粉2Ts、鹽少許、胡椒少許

跟著這樣做

01 小番茄對半切開，加入少許鹽巴調味。
02 平底鍋倒油，放入番茄拌炒。
03 魚肉切成適當大小，加入少許鹽巴和胡椒調味。
04 魚肉依序裹上麵粉、蛋液和麵包粉。
05 平底鍋倒油，用小火將魚肉煎熟。
06 魚肉煎熟後呈盤，最後放上小番茄即完成。

「milanese」是從地名「Milano（米蘭）」衍生出的形容詞，是指米蘭當地傳統料理的意思。

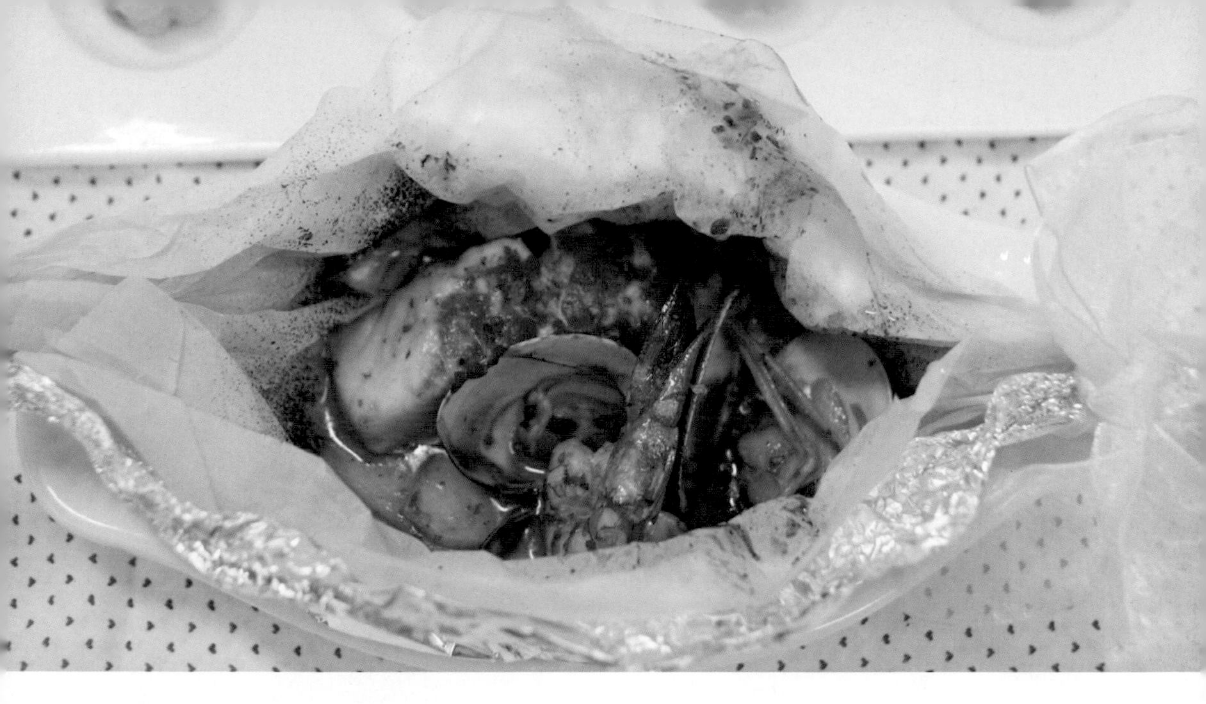

消除慢性疲勞的
紙包悶烤鱸魚

料理時間 **25**分

材料

鱸魚肉1塊、蝦子1尾、馬拉蜆（已吐沙）5顆、番茄紅醬－參考醬料食譜，洋蔥1/4個、馬鈴薯1/8個、白酒2Ts、奶油1Ts、烘焙烤紙1張、鋁箔紙1張、鹽少許、胡椒少許

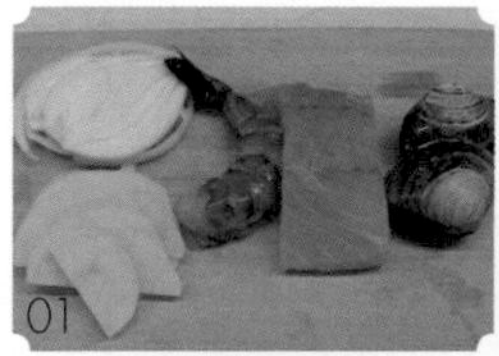

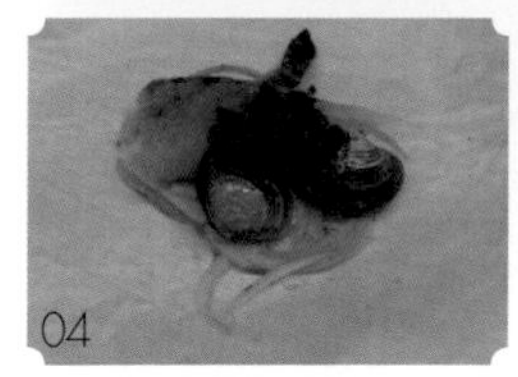

跟著這樣做

01 鱸魚切成適當大小，用鹽巴胡椒調味後靜置。

02 洋蔥和馬鈴薯切成圓薄片，放入平底油鍋炒一炒。

03 烘焙烤紙放在鋁箔紙上方。
把所有的材料（炒過的馬鈴薯、洋蔥、鱸魚、蝦子、馬拉蜆）放在烘焙烤紙上。

04 淋上番茄紅醬、白酒和奶油，將鋁箔紙捲成糖果狀。

05 烤箱調至190度，烤12分鐘左右。

TIP

義大利文「cartoccio」代表「厚紙」的意思，主要是指「用烘焙烤紙包起食材烤熟」的意思。

改善記憶力的

鮮蝦沙拉佐蘋果醬

蘋果（100g：57kcal）中的果膠可促進腸胃蠕動，含有的鈣質和錳則能預防高血壓。同時，抗發炎物質之一的槲黃素能減少破壞腦細胞的物質產生，並提升人腦記憶力。更重要的是，蘋果中酸甜味道的來源蘋果酸和枸櫞酸，這兩種物質能有效消除人體疲勞。

蝦子3尾、豆芽1把、奶油乳酪（卡夫菲力）2Ts、橄欖油1Ts、原味優格1ts（咖啡匙）、核桃5顆、蘋果佐醬－參考佐醬食譜、砂糖1/2Ts、鹽少許

跟著這樣做

01 蝦子剝殼，用鹽巴調味。
02 平底鍋倒油，將蝦子煎一煎。
03 優格、奶油乳酪和砂糖放入碗中混合均勻。
04 豆芽放入盤中，③的奶油乳酪捏成丸狀，最後再擺上蝦子。
05 灑上蘋果佐醬和核桃即完成。

01

02

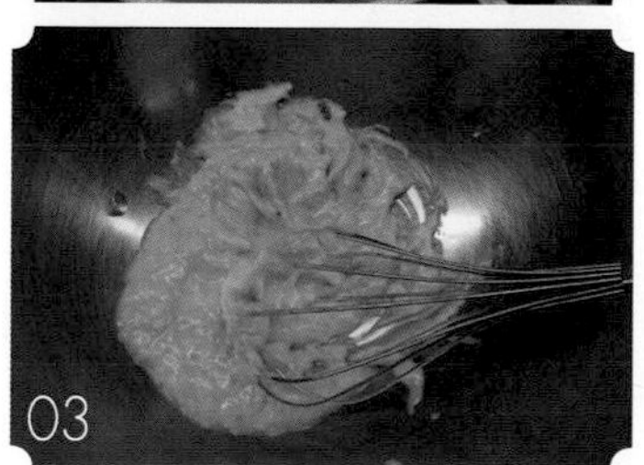
03

減輕壓力的
牛腰肉排佐蘋果

料理時間25分

材料

牛腰肉1塊、蘋果1顆、蜂蜜1/2Ts、紅酒1/2杯（100）、橄欖油1Ts、奶油1Ts、肉桂粉1/3ts（咖啡匙）、鹽少許、胡椒少許

跟著這樣做

01 蘋果去皮切成適當大小，沾上肉桂粉。
02 牛腰肉用胡椒和鹽巴調味。
03 平底鍋倒油，牛腰肉煎至表面熟即可。
04 奶油放入平底鍋中溶化，把蘋果煎一煎。
05 ④中倒入紅酒和牛肉一起煮熟。
06 牛肉依個人喜好煎至喜歡的熟度，最後再加入蜂蜜調整醬料的濃淡。

01

04

05

香氣清爽的
蘋果汁

料理時間**20**分

材料

蘋果1顆、檸檬汁1顆份量、奶油1Ts、蘋果汁1杯（200）、砂糖1/2Ts、肉桂粉1/3ts（咖啡匙）

跟著這樣做

01 蘋果去皮切成塊狀。
02 奶油放入平底鍋中溶化，加入蘋果用小火慢慢煮熟。
03 ②中加入蘋果汁、檸檬汁和砂糖後，繼續熬煮。
04 加入肉桂粉。
05 蘋果煮熟後，用攪拌機將之混合均勻。

PART 5	料理時間	花椰菜鮮蝦沙拉 15分	花椰菜濃湯 20分
花椰菜海鮮羅勒 奶油義大利麵 30分	香蒜奶油烤明蝦 20分	巴沙米可 明蝦沙拉 20分	蒜香明蝦橄欖油 義大利麵 25分
牛腰肉排佐白菜 30分	泡菜明太子奶油 義大利麵 25分	泡菜牛肉燉飯 25分	南瓜濃湯 25分
豬腰肉排佐南瓜 30分	烤南瓜大蒜 20分	鯖魚飛魚卵 義大利麵 25分	鯖魚普切塔 15分
鯖魚鮮橙沙拉 15分	海鮮細扁 義大利麵 25分	海鮮奶油 義大利麵 25分	海鮮串佐 香辣茄醬 30分

PART 5 *Winter*

Buon natale!
營養滿分的冬日飯桌

Buon natale是義大利文「聖誕節快樂」的意思。

冬天送走了秋天，裝載著豐富營養的菜單。

食慾大開的秋天是物產豐饒的季節，也因此我們花費了3個章節來介紹和秋天相關的料理。這次的章節將介紹韓國10月末到11月晚秋和冬季的當季料理。或許因冬季是四季中最後一個季節，寒冷的冬天總讓人有股荒涼感。冬天有著利刃般的寒風，使得我們身體的免疫力降低，所以要多攝取些能當補藥的食材來維持身體健康；冬天也較難維持良好的運動習慣，所以記得多使用富含維他命C的南瓜、富含DHA的鯖魚、各種海鮮以及花椰菜來做料理。透過這些料理，將讓你溫暖度過這個只想躲在被窩中的季節。

初秋 日平均氣溫5°C以下，日最低氣溫0°C以下
深冬 日平均氣溫0°C以下，日最低氣溫-5°C以下
晚冬 日平均氣溫5°C以下，日最低氣溫0°C以下

富含維他命C的健康料理

花椰菜鮮蝦沙拉

100公克的花椰菜（100g：28kcal）含有人體一天所需的維他命C份量，更含有豐富的維他命B1、維他命B2、硒、食物纖維、抗癌物質等成分。一周攝取2次花椰菜，將可降低52%罹患攝護腺癌的可能性。

蝦子（去殼）5尾、花椰菜1/4朵、花枝1/4尾、小番茄5顆、豆苗1把、橄欖油2Ts、巴沙米可醋佐醬1Ts－參照佐醬食譜，鹽少許

跟著這樣做

01 花枝切成圓圈狀，花椰菜切成一塊一塊。
02 切好的花椰菜用鹽水汆燙，放涼備用。
03 平底鍋倒油，放入蝦子、花枝、花椰菜和小番茄拌炒。
04 用鹽巴和胡椒調味。
05 盤底依序放入豆苗和沙拉食材，最後淋上巴沙米可醋醬即完成。

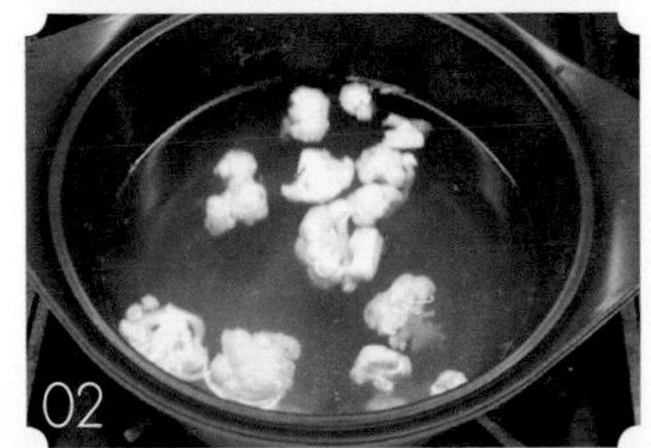

一周一定要喝兩次的

花椰菜濃湯

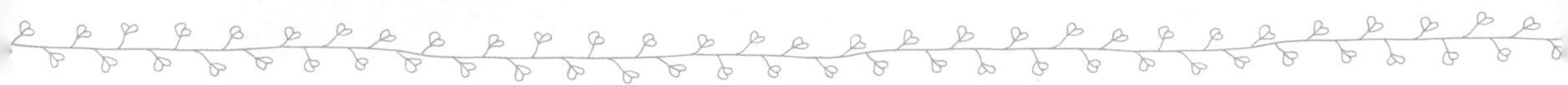

大家都有定期飲用牛奶吧？牛奶（100g：60kcal）富含膠原蛋白（蛋白質的一種）、鈣質和維他命B2，能強健牙齒和骨骼。

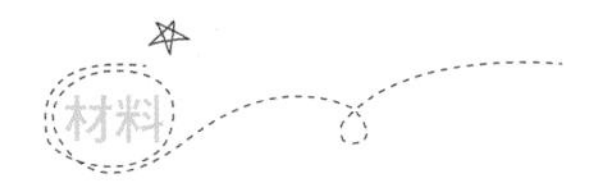

花椰菜1朵（或綠花椰菜）、牛奶1又1/2杯、干貝1個、橄欖油1Ts、鹽少許、胡椒少許

跟著這樣做

01 花椰菜切成塊狀。
02 鍋中倒入牛奶和花椰菜，用小火熬煮。
03 花椰菜煮熟後，使用攪拌機將之混合均勻，並加入少許鹽巴調味。
04 平底鍋倒油，把干貝煎一煎。
05 濃湯裝入碗中，最後放上干貝。

為了品嚐花椰菜的原味，調味時不要加太多鹽巴。

含有豐富維他命&纖維質的

花椰菜海鮮羅勒奶油義大利麵

紅蛤（100g：73kcal）能幫助排出體內囤積的鈉，同時含有大量的維生素D原，能促進人體吸收鈣質和燐，有效預防骨質疏鬆症。

義大利麵80g、蝦子（去殼）3隻、花枝1/4尾、紅蛤肉5個、蛤蠣肉5個、花椰菜1把、鮮奶油1/2杯（100）、蛤蠣高湯1/4杯（50）－參照高湯食譜、番茄紅醬1/4杯（50）－參照佐醬食譜、橄欖油2Ts、蒜末1瓣、鹽少許、胡椒少許

跟著這樣做

01 花枝和花椰菜切成適當大小。

02 平底鍋倒油，放入蒜末、蝦子、花枝、紅蛤和蛤蠣肉拌炒。

03 ②中倒入蛤蠣高湯，熬煮約1分鐘。

04 加入鮮奶油、番茄紅醬和香芹粉。

05 義大利麵用鹽水煮熟，花椰菜快速汆燙。

06 義大利麵和佐醬混合均勻。

由於蛤蠣高湯本身就有鹹味，所以最後再做調味。

料理時間 20分

富含蛋白質！鮮美刺激味蕾的

香蒜奶油烤明蝦

明蝦是非常珍貴的料理食材，明蝦（100g：93kcal）為含有優良蛋白質的高蛋白質食品，其中的甜菜鹼成分有強化降膽固醇指數的機能，同時也富含抑制膽固醇指數的牛磺酸。

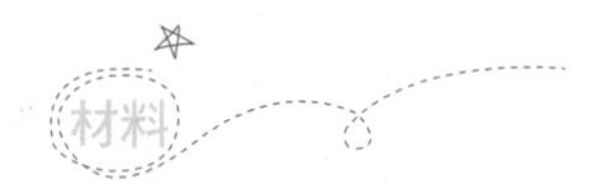

明蝦2尾、麵包粉3Ts、蒜末2瓣、香芹粉少許、洋蔥丁1/4個、奶油2Ts、碎堅果1Ts、檸檬佐醬1Ts－參照佐醬食譜、鹽少許、胡椒少許

跟著這樣做

01 明蝦從背部對半剖開。

02 奶油放入平底鍋中，溶化後加入蒜末、洋蔥丁、堅果類和麵包粉炒一炒。

03 利用香芹粉、鹽巴和胡椒幫②的食材調味。

04 ①的明蝦沾上②的麵包粉。

05 明蝦放入180度烤箱中，烤6分鐘左右。

06 呈盤並淋上檸檬佐醬即完成。

富含牛磺酸的

巴沙米可明蝦沙拉

市面上常見的杏鮑菇其實是自然產松茸的替代栽培品，杏鮑菇（100g：24kcal）吃起來的口感和松茸類似，且富含維他命C，四季皆可品嚐享用。熱量低且纖維質含量高，吃起來易有飽足感，是值得考慮的減肥聖品。

明蝦3尾、杏鮑菇1個、小番茄5個、豆苗1把、蒜頭2瓣、巴沙米可醋佐醬1Ts－參照佐醬食譜、橄欖油1Ts、鹽少許、胡椒少許

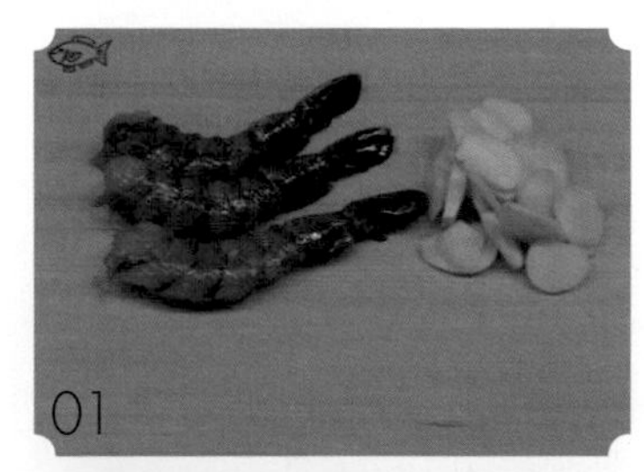

跟著這樣做

01 明蝦剝殼備用，蒜頭切成薄片。
02 香菇切成適當大小，小番茄對半切開。
03 平底鍋倒油，放入蒜頭、明蝦、香菇和番茄炒一炒。
04 ③加入鹽巴和胡椒調味。
05 盤底放上豆苗，在放上④的明蝦。
06 淋上巴沙米可醋佐醬即完成。

刺鼻的健康味！

蒜香明蝦橄欖油義大利麵

料理時間 **25**分

Aglio e Olio是「蒜頭與油」的結合，能凸顯橄欖油和蒜頭美味的義大利麵。義大利麵中不可或缺的食材正是大蒜，它不僅可預防各種癌症，更具備消除疲勞、改善失眠、恢復氣力、防止老化等功效，大蒜更是美國時代雜誌選出的「10大健康食品」中的其中一項。

義大利麵90g、明蝦3尾、蒜頭5瓣、帕馬森起司2Ts、橄欖油1Ts、紅辣椒少許、鹽少許、香芹粉少許。

跟著這樣做

01 蒜頭切薄片，明蝦剝殼。
02 平底鍋中倒入橄欖油，放入蒜頭炒一炒。
03 ②中的蒜頭呈現咖啡色後，加入紅辣椒拌炒。
04 義大利麵用鹽水煮熟。
05 ③的鍋中加入汆燙義大利麵的鹽水（50g），用小火熬煮1分鐘，最後加入香芹粉。
06 麵條充分吸收醬料後，灑上帕馬森起司即完成。

溫潤的肉汁刺激著食慾

牛腰肉排佐白菜

白菜（100g：12kcal）水分含量高，擁有適量維他命C和提供人體必須的纖維質。白菜中各式各樣的維他命A、B1、B2、C等成分，可補充人體冬天攝取不足的維他命，其富含的纖維質也能改善便秘問題。

牛腰肉排1塊、白菜3片、蒜末1瓣、橄欖油2Ts、紅辣椒少許、巴沙米可醋佐醬－參照佐醬食譜、鹽少許、胡椒少許

跟著這樣做

01 白菜撕成適當大小。牛腰肉用鹽、胡椒調味後靜置。
02 白菜用鹽水汆燙約5分鐘，撈起後把水分擰乾。
03 平底鍋倒油，放入蒜頭和紅辣椒拌炒後，再放入白菜炒一炒。
04 依個人喜好，將調味好的牛腰肉煎至喜愛的熟度。
05 牛腰肉排呈盤，擺上炒好的白菜。
06 ⑤淋上巴沙米可醋。

冬日異國特色料理

泡菜明太子奶油義大利麵

料理時間 25分

鹹鹹的白飯小偷－明太子，它和義大利麵相遇後，又將擦撞出什麼樣的火花呢？明太子富含棕櫚酸、油酸、EPA、DHA，這些成分可提供大腦和神經系統所需的能量，並有助於消除疲勞。

義大利麵90g、切碎的泡菜（用水洗過）3Ts、明太子1Ts、雞骨高湯1/4杯（50）－參考高湯食譜、洋蔥丁1/4個、帕馬森起司粉1Ts、鮮奶油1杯（200）、橄欖油1Ts、蒜頭3瓣、香芹粉少許、鹽少許

跟著這樣做

01 蒜頭切成薄片，拿出其他食材備用。
02 平底鍋倒入橄欖油，將大蒜和泡菜炒一炒。
03 ②中倒入高湯，用小火熬煮1分鐘後，加入鮮奶油。
04 義大利麵用鹽水煮熟。
05 義大利麵中加入明太子，並和醬料混合均勻。
06 將義大利麵呈盤，最後灑上帕馬森起司粉。

不必擔心消化問題的

泡菜牛肉燉飯

料理時間 **25**分

料理食材中的飛魚卵具有高度營養價值，在嘴中彈跳的口感，讓料理吃起來更加美味。飛魚卵（100g：96kcal）富含礦物質和蛋白質，有助小孩的成長發育。

生米1/2杯、醃好的牛肉1/4斤、切碎的泡菜（用水洗過）3Ts、雞骨高湯5杯（1000）－參考高湯食譜、帕馬森起司粉2Ts、奶油1Ts、洋蔥丁1/4個、橄欖油1Ts、鹽少許、飛魚卵1Ts

跟著這樣做

01 將食材準備好。
02 平底鍋倒油，放入洋蔥丁、生米、泡菜和牛肉炒一炒。
03 ②中倒入雞骨高湯，用小火將生米煮至熟。
04 飯煮熟後關火，放入奶油、帕馬森起司和鹽巴攪拌均勻。
05 燉飯裝入盤中，最後放上飛魚卵即完成。

01

02

03

鮮黃的元氣補充劑

南瓜濃湯

料理時間 25分

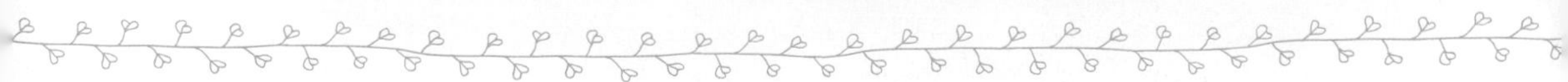

南瓜（100g：29kcal）富含食物纖維且脂肪含量低，是減肥的好幫手。同時它也富含維他命C，能有效防止老化和預防癌症發生；β胡蘿蔔素可促進腸道機能，補充身體所需元氣；纖維質可有效預防便秘。

南瓜1/2個、牛奶2杯（400）、洋蔥1/4個、奶油1Ts、蜂蜜1Ts、開心果少許（或其他堅果類）、鹽少許

跟著這樣做

01 南瓜去皮去籽後，切成薄片。
02 奶油放入鍋中，洋蔥切成細絲後，和南瓜一起炒到變色。
03 在②加入牛奶，並用小火煮至熟。
04 ③放入攪拌機混合均勻，加入鹽巴和蜂蜜調味。
05 呈盤後，放上堅果碎末（開心果）即完成。

濕潤地刺激味蕾

豬腰肉排佐南瓜

豬腰肉排1塊、南瓜1/2個、橄欖油1Ts、巴沙米可醋佐醬1Ts－參考佐醬食譜、鹽少許、胡椒少許

跟著這樣做

01 南瓜去籽後，切成適當的大小。
02 切好的南瓜放入蒸鍋中，蒸20分鐘左右。
03 豬腰肉抹上油，並用鹽和胡椒調味。
04 平底鍋倒油，將豬肉煎熟。
05 盤中放入④的豬腰肉排和蒸熟的南瓜。
06 淋上巴沙米可醋醬即完成。

TIP

豬肉抹上橄欖油靜置一天，吃起來的口感將更加柔嫩。

累癱時一定要吃的
烤南瓜大蒜

料理時間**20**分

材料

南瓜1/2個、蒜頭10顆、橄欖油1Ts、大蒜麵包2塊、鹽少許

01

03

04

跟著這樣做

01 南瓜切成適當大小並去籽。
02 用刀切掉蒜頭頂。
03 南瓜和蒜頭用鹽巴調味後，塗抹上橄欖油。
04 ③的食材放入180度的烤箱，烤15分鐘。
05 搭配大蒜麵包一起食用。

記憶力、學習力直線上升！

鯖魚飛魚卵義大利麵

鯖魚和義大利麵的組合？聽起來和明太子搭配上義大利麵一樣彆扭吧？其實，義大利人經常享用鯖魚義大利麵這道料理呢！鯖魚（100g：271kcal）含有能預防脂肪肝的維他命B6，鯖魚也具有預防癌症、肝病、過敏性皮膚炎、動脈硬化、心肌梗塞、腦中風、高血壓…等功效。

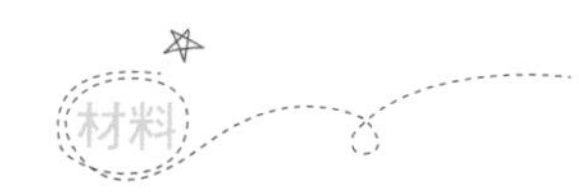

義大利麵 90g、鯖魚1/2塊、花椰菜1把、洋蔥丁1/4個、蛤蠣高湯1/4杯（50）、番茄紅醬1杯（200）－參考高湯＆佐醬食譜、飛魚卵2Ts、蒜末2瓣、白酒2Ts、橄欖油1Ts、香芹末少許、紅辣椒少許、鹽少許

01

跟著這樣做

01 鯖魚切成適當大小，花椰菜用熱水汆燙。
02 平底鍋倒入油，放入洋蔥丁、蒜頭、紅辣椒、鯖魚和花椰菜炒一炒。
03 ②中加入白酒和蛤蠣高湯，熬煮1分鐘左右。
04 用番茄紅醬和香芹粉提出③的味道。
05 義大利麵用鹽水煮熟。
06 義大利麵加入飛魚卵，並和番茄紅醬混合均勻。

02

04

若家裡沒有香芹粉，可用剁碎的細蔥取代。

05

06

還你水嫩肌膚

鯖魚普切塔

料理時間15分

提升料理香氣的芝麻（或胡麻100g：559kcal）含有豐富的不飽和脂肪酸，不僅是皮膚美容聖品，更能防止老化，是有益健康的辛香料。

鯖魚肉1/2塊、大蒜麵包3塊、芝麻1Ts、奶油乳酪2Ts、橄欖油1Ts、橘子皮少許、鹽少許

跟著這樣做

01 去除鯖魚表面的水分後，塗上橘子皮末和橄欖油，靜置30分鐘左右。

02 ①醃好的鯖魚用鹽巴調味後，裹上芝麻外衣。

03 平底鍋倒入油，用小火慢慢將鯖魚煎熟。

04 煎好的鯖魚切成小塊。

05 大蒜麵包塗上奶油乳酪，最後擺上鯖魚即完成。

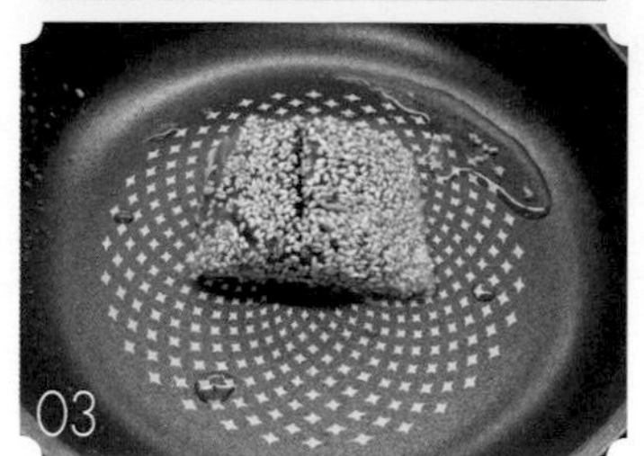

橘子洗乾淨後，利用磨薑板磨下橘子皮，橘子皮具有去除鯖魚腥味的功用。

甜甜的～酸酸的～爽口的～

鯖魚鮮橙沙拉

料理時間 15分

你覺得鯖魚和鮮橙一點都不搭？料理中的大忌就是偏見！柳橙（100g：40kcal）含有大量的維他命C，可強化身體免疫力，同時它也具備調節人體膽固醇指數的功用。

鯖魚1塊、鮮橙1個、豆苗1把、檸檬佐醬2Ts－參考佐醬食譜、小番茄3個、橄欖油2Ts、花椰菜1把、鹽少許

跟著這樣做

01 鯖魚去除掉表面的水分，塗上橄欖油和鮮橙一起醃製30分鐘左右。
02 平底鍋倒入油，鯖魚用小火慢慢煎熟。
03 鯖魚煎熟後切成小塊。
04 盤中放入豆苗後，再放上鯖魚。
05 花椰菜氽燙好後，和番茄、鮮橙一起放入④的盤中。
06 淋上檸檬佐醬。

若沒有柳橙的話，可用橘子代替。

料理時間 **25**分

扁平特殊的

海鮮細扁義大利麵

義大利麵的種類非常豐富，這次我們選擇使用細扁麵（Linguine）。細扁麵的形狀很像舌頭，通常都會搭配海鮮一起料理。

細扁麵90g、蝦子3尾、花枝1/4尾、蛤肉5個、紅蛤5個、蒜末1瓣、橄欖油1Ts、羅勒少許、鹽少許、番茄紅醬1杯（200）－參考佐醬食譜、蛤蠣高湯1/4杯－參考高湯食譜

01

跟著這樣做

01 將食材準備好。
02 平底鍋倒油，放入蒜頭、花枝、蛤蠣肉、紅蛤肉和蝦肉拌炒。
03 ②中加入蛤蠣高湯，熬煮1分鐘後，再加入番茄紅醬收汁。
04 細扁麵用鹽水煮熟。
05 義大利麵加入羅勒，並和佐醬混合均勻。

02

03

05

料理時間25分

富含葉酸的

海鮮奶油義大利麵

蛤蠣肉（100g：49kcal）是低熱量低脂肪的食材，其所含的鈉和葉酸有助預防貧血、老化和高血壓等症狀。

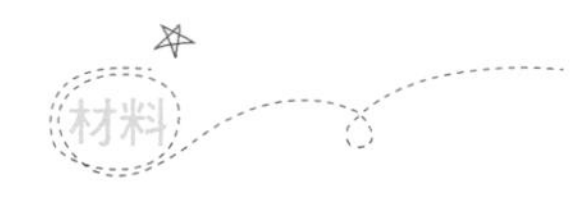

義大利麵 90g、蝦子3尾、花枝1/4尾、蛤蠣肉5個、鮮奶油1杯（200）、蛤蠣高湯1/4杯（50）－參考高湯食譜、紅蛤5個、蒜末1瓣、橄欖油1Ts、羅勒少許、鹽少許

跟著這樣做

01 將食材準備好。
02 平底鍋倒入油，放入蒜頭、花枝、蛤蠣肉、紅蛤肉和蝦子拌炒。
03 倒入蛤蠣高湯，熬煮1分鐘後，加入鮮奶油混合均勻。
04 義大利麵用鹽水煮熟。
05 羅勒切碎加入義大利麵中，並和佐醬混合均勻。

想吃香喝辣的時候！

海鮮串佐香辣茄醬

料理時間 **30**分

材料

蝦子2尾、花枝圈1/2尾、牛角蛤（或干貝）2個、小番茄5顆、花椰菜1把、番茄紅醬1/2杯（100）－參考佐醬食譜、蒜末1瓣、橄欖油1Ts、奶油1Ts、紅辣椒少許、鹽少許、胡椒少許

跟著這樣做

01 將各種食材準備好。花椰菜切成適當大小後，用鹽水燙熟。

02 將蝦子、花枝圈、干貝、花椰菜依序串到籤子上。

03 灑上點胡椒和鹽巴調味。平底鍋中放入奶油和橄欖油，串燒放入鍋中烤一烤。

04 蒜頭、紅辣椒、小番茄放入另一個鍋子中拌炒，並加入番茄紅醬，將之熬煮成香辣茄醬。

01

02

03

04

05 串燒烤好後放入盤中，並淋上④的醬料。

TIP

義大利文中的「arrabbiata」代表「憤怒」的意思。當我們吃到很辣的食物時，嘴巴就如同著火一般，故此單字也代表「香辣茄醬」。

主廚小故事

淺談世界料理大賽

Gruppo Cuoco 2005（Milano, Italy）（炸肉排 & 燉飯）雞腿肉、藍梅、奶油乳酪

由米蘭廚師協會主辦的競賽，比賽規定一定要以米蘭的傳統料理為主題。這是我待在義大利第二年時參加的比賽，非常擔心自己的表現，所以這場競賽令我印象深刻。幸好在米蘭的傳統料理中，有著我們所熟知的炸肉排和燉飯！最後我非常幸運的獲獎，得獎的料理是取下雞腿骨，加入奶油乳酪和藍莓，最後裹上辣味麵包粉的烤箱料理。我將雞骨底部裝飾成皇冠的模樣，並擺上用生義大利麵炸成鳥巢形狀的盤飾。

Trofeo Arturo Torre 2005（Como, Italy）番茄、菠菜、花椰菜、雞

由位在義大利和瑞士國境邊的小都市「科莫」所主辦的競賽，這個城市有一個叫做「科莫湖」的著名景點，世界級富豪和好萊塢明星都愛在此建造私人別墅。此次競賽我參與了2樣前菜（開胃菜）的項目，第一道法式凍（前菜）料理，將雞肉混合野菜絞碎，並利用番茄、鮮奶油、菠菜做出義大利國旗的意象。第二道料理龍蝦沙拉，則是利用龍蝦高湯煮出龍蝦燉飯、柳橙佐醬冷拌花椰菜，並疊成一層一層的樣貌，最後利用番紅花佐醬，將龍蝦腿裝飾成蠍子腳的模樣。

FHA 2010 Culinary Challenge（Singapore）馬鈴薯、紅蘿蔔、雪蟹

新加坡每兩年舉辦一次的大賽，是亞洲地區主流的料理大賽之一。我參加的項目是「Gourmet」，如同字面上美食家的意思，必須作出美食家喜愛的料理。2010年，由主辦國新加坡地主隊奪得金牌。這次我將介紹新加

坡隊的料理，第一道獲獎料理是用紫馬鈴薯、一般馬鈴薯和紅蘿蔔做成的法式凍料理，同時他們也利用了章魚腳、白魚肉慕斯和鮭魚慕斯入菜呢！第二道是用蘆筍和韭菜包起雪蟹肉的手指料理；最後一道料理利用番茄、莫札列特起司和羅勒，做成常見的義式卡不里沙拉（Caprese Salad）。

Internazionale d'Italia esposizione culinaria 2008（Carrara, Italy）：番茄、白魚、夏南瓜、甜椒

由義大利廚師協會主辦的大賽，是義大利當地最盛大的一場競賽。在這個只有義大利廚師協會的會員能參加的競賽，我在2008年以亞洲人的身分獲得了金賞（說來真令人害羞）。該次比賽的料理為開胃菜，我將牛奶做成的起司放入番茄中，並用烤箱烘烤；圓滾滾的夏南瓜挖一個洞，塞入用白魚、黑橄欖和甜椒做成的海鮮燉飯，兩道都是烤箱料理。

Campione Lazio 2008（Roma, Italy）夏南瓜、南瓜、蝦子、培根

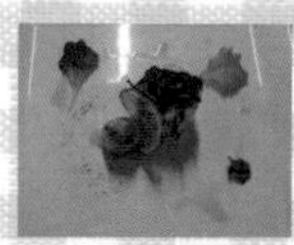

此競賽規定一定要製作拉吉歐（Lazio）區的傳統料理，拉吉歐區的重點都市正是羅馬。此次的競賽中，我重新詮釋了5種手指料理。手指料理（Finger Food）的體積小如手指，這也正是展現我們韓國人靈巧手藝的機會。在此次競賽中，我也相當榮耀地得到了第一名。

PART 6
料理時間
鮪魚莫札列特
義大利麵
25分
鮪魚三明治
10分
鮪魚莫札列特
沙拉
10分
年糕肉排佐
古岡左拉起司
義大利麵
30分
莫札列拉
筆管麵焗烤
30分
奶油乳酪
法式小點
15分
紫蘇葉蛤蠣奶油
義大利麵
30分
紫蘇葉鮮蝦羅勒
奶油斜管麵
25分
紫蘇葉鮮蝦春捲
20分
咖哩海鮮燉飯
25分
咖哩雞胸肉
凱薩沙拉
15分
蔬菜棒佐茄子醬
20分
野菜番茄培根
肉醬義大利麵
25分
當季野菜歐姆雷
15分
蔬菜可頌堡
15分

La vita!
四季皆可享用的經典料理

La vita是義大利文中「豐饒生活」的意思。

享用四季料理的魔法食譜

只有我覺得現在的春秋漸漸變短，四季好像只剩下夏天和冬天兩種季節嗎？雖然只要到附近的超市逛一逛，就能購買到各式各樣的食材，但要有著健康的飲食生活卻沒這麼簡單。若每一餐都要顧慮營養成分，在時間和金錢上都是筆不小的負擔；若尋求快速方便的料理，又得擔心健康和費用問題。本章節介紹的四季料理是任何人都可輕易上手的美味料理，利用家中容易取得的鮪魚罐頭做成義大利麵、三明治、沙拉，照顧健康的蔬菜和紫蘇葉料理，還有當週末招待客人到家時，能夠端得上檯面的簡單料理。我們利用這些容易取得的材料，大大減低一般人對料理的負擔感。現在就讓我們公開這魔法食譜，健康料理將從你手中重新誕生。

富含OMEGA 3的

鮪魚莫札列特義大利麵

鮪魚（100g：132kcal）富含DHA成分，營養成分均衡，是低脂肪食品，有助於減肥和美容。其含有的鐵質和維他命B12能預防貧血和防止老化，鮪魚亦富含多種維他命、鐵、鈣等礦物質。

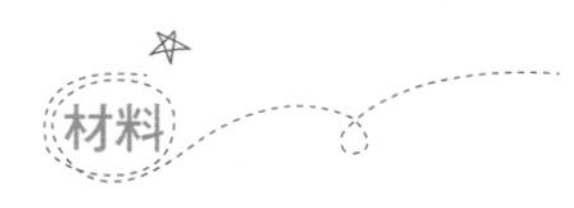

義大利麵90g、鮪魚罐頭1個、莫札列拉起司1/2個、洋蔥丁1/4個、雞骨高湯1/4杯（50）、番茄紅醬1杯（200）－參考高湯＆佐醬食譜、橄欖油1Ts、香芹粉少許、紅辣椒少許、鹽少許

跟著這樣做

01 打開鮪魚罐頭，去除鮪魚的水氣。莫札列拉起司切成塊狀。

02 平底鍋倒入油，放入洋蔥和紅辣椒拌炒，再用鹽巴調味。

03 倒入雞骨高湯熬煮1分鐘，加入番茄紅醬。

04 關火加入鮪魚，並將之壓散。

05 義大利麵用鹽水煮熟。

06 加入莫札列拉起司和飛魚卵，義大利麵和佐醬充分混合均勻。

鮪魚炒太久的話會變硬，所以先關火再把它壓碎。

簡單的點心寶物

鮪魚三明治

吐司2片、鮪魚罐頭1個、番茄1/2個、萵苣1片、Tabasco醬3滴、美乃滋2Ts、檸檬佐醬1Ts－參考佐醬食譜

跟著這樣做

01 鮪魚擰乾水分後，加入美乃滋混合均勻。

02 番茄切成圓形薄片。

03 吐司均勻塗抹上美乃滋。

04 依序將萵苣、番茄、鮪魚放到吐司上，並淋上3～4滴的Tabasco醬。

05 切除吐司邊，並斜對角切成三角形狀。

富含DHA的健康沙拉

鮪魚莫札列特沙拉

料理時間10分

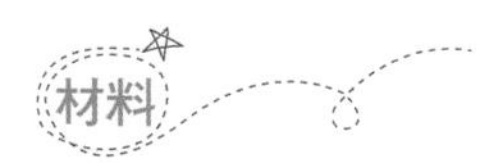

材料

鮪魚罐頭1個、豆苗1把、莫札列拉起司1/2個、玉米粒2Ts、小番茄5個、帕馬森起司片2Ts、巴沙米可醋佐醬2Ts－參考佐醬食譜

01

04

跟著這樣做

01 去除掉鮪魚罐頭的油份，鮪魚用橄欖油醃製，靜置約1小時。

02 莫札列拉起司用手撕成適當大小，去除玉米粒的水分。

03 小番茄對半切開，比較大的就切成4等份。

04 盤底放入豆苗，接著擺上鮪魚、莫札列拉起司、番茄和玉米粒。

05 淋上巴沙米可醋佐醬，最後在灑上帕馬森起司片。

TIP

利用水果削皮器將帕馬森起司削成一片一片。

富含礦物質的

年糕肉排佐古岡左拉起司義大利麵

料理時間 30分

這次我們將在義大利麵中加入古岡左拉起司（100g：315kcal），是義大利原產的藍乳酪。是否一看到藍藍的黴菌，你就將之拒於門外？許多人討厭古岡左拉起司那獨特的味道和香氣，然而它含有豐富的維他命A，有助於保護眼睛健康，並維持良好的皮膚狀態。

年糕肉排100g、義大利麵70g、古岡左拉起司1Ts、杏鮑菇2個、花椰菜1把、鮮奶油1杯（200）、雞骨高湯1/4杯（50）－參照高湯食譜、洋蔥丁1/4個、蒜頭末1瓣、鹽少許、胡椒少許

跟著這樣做

01 杏鮑菇切成薄片，拿出年糕肉排備用。
02 平底鍋倒油，放入杏鮑菇、蒜末和洋蔥丁一起拌炒。
03 加入雞骨高湯熬煮1分鐘，再加入鮮奶油。
04 加入古岡左拉起司，並用小火煮至融化。
05 義大利麵用鹽水煮熟。
06 攪拌義大利麵讓它充分吸收醬汁。
07 盤底放上烤好的年糕肉排，最後再倒入義大利麵。

古岡左拉起司本身就具有鹹味，所以記得最後再調味。年糕肉排買市面上做好的半成品即可。

圓滾滾的麵～滿滿的營養！

莫札列拉筆管麵焗烤

料理時間 **30**分

前面出現好幾次的焗烤料理，是將起司和麵包粉灑在吸滿醬汁的肉和蔬菜上，然後放進烤箱烤至金黃的烤箱料理。這次的料理利用筆管麵來當作主食材，指的就是長得像筆尖形狀的麵條。

材料

筆管麵90g、莫札列拉起司（或披薩起司）1/2個、洋蔥丁1/4個、蒜末1瓣、小番茄5個、番茄紅醬1杯（200）、雞骨高湯1/4杯（50）－參照佐醬＆高湯食譜、帕馬森起司粉1Ts、紅辣椒少許、鹽少許

01

跟著這樣做

01 莫札列拉起司、洋蔥和番茄切成適當大小。
02 平底鍋倒油，用中火將洋蔥、蒜頭、紅辣椒炒一炒（小心蒜頭不要焦掉）。
03 倒入雞骨高湯熬煮1分鐘，加入番茄紅醬，並用鹽巴調味。
04 筆管麵用鹽水煮至70～80%熟（Super al Dente）。
05 燙熟的筆管麵和③的佐醬混合均勻，裝入焗烤用的容器。
06 莫札列拉起司（或披薩起司）放在筆管麵上，均勻灑上帕馬森起司粉。
07 烤箱調至180度，烤8分鐘左右。

02

05

TIP

Super al Dente指的是義大利麵煮至80%熟。

07

簡單的止飢點心

奶油乳酪法式小點

料理時間 15分

突然感到飢餓想要吃點心時，或是想和朋友們開個簡單的紅酒派對時，都可以搭配這道簡單的法式小點料理。若要提前做好備用的話，記得用保鮮膜包起冷藏保存。

吐司（或大蒜麵包）1片、卡夫菲力奶油乳酪3Ts、原味優格、韭菜（蘿蔔苗）少許、蜂蜜1ts（咖啡匙）、藍乳酪（或古岡左拉起司）1/2Ts、鹽少許、胡椒少許

佐料

飛魚卵、燻鮭魚、雞尾蝦、臘腸（豬肉乾製成的香腸）

跟著這樣做

01 吐司切成5cm長的長條狀。

02 ①切好的吐司放入烤箱烤至金黃色。

03 奶油乳酪、優格、藍乳酪、蜂蜜、鹽和胡椒放入碗中混合。

04 將③大量地塗到②上。

05 飛魚卵和燻鮭魚、蝦子、臘腸分別放到吐司上。

06 灑上切碎的韭菜或是蘿蔔苗。

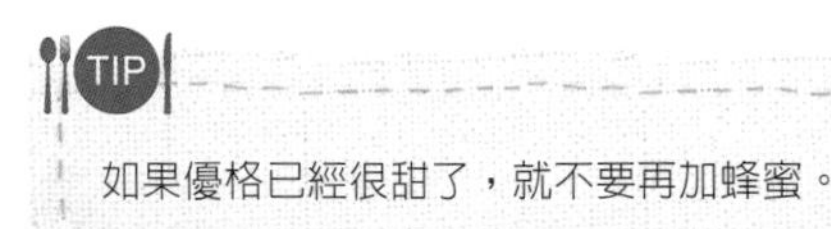

香氣逼人的健康料理

紫蘇葉蛤蠣奶油義大利麵

料理時間 30分

紫蘇葉（100g：29kcal）具有特殊香味，30g的紫蘇葉就能提供人體一天所需的鐵質。同時，紫蘇葉也富含維他命，以及能預防癌症的葉綠醇、ETA、葉酸等成分。迷迭香酸和木樨草素有助於預防黑斑和雀斑的產生。

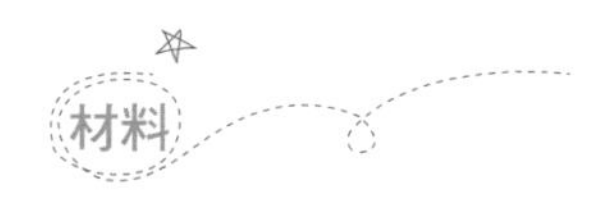

義大利麵 90g、紅蛤（或牛角蛤）10個、紫蘇葉5片、番茄1/4個、鮮奶油1杯（200）、蒜末2瓣、蛤蠣高湯1/4杯（50）－參照高湯食譜、香芹粉少許

跟著這樣做

01 紫蘇葉用水洗乾淨，切成寬條狀。番茄切成丁狀。
02 蛤蠣煮熟後，過濾出蛤蠣高湯。
03 平底鍋倒油，放入蛤蠣肉和蒜頭拌炒。
04 在③的鍋中倒入高湯煮1分鐘後，加入鮮奶油。
05 義大利麵用鹽水煮熟。
06 放入紫蘇葉和番茄，義大利麵和佐醬混合均勻。

高格調的健康料理

紫蘇葉鮮蝦羅勒奶油斜管麵

斜管麵80g、蝦肉5尾、紫蘇葉5片、番茄紅醬1/4杯（50）、蝦高湯1/4杯（50）－參照高湯＆佐醬食譜、鮮奶油1/2杯（100）、蒜末1瓣、香芹粉少許、鹽少許

跟著這樣做

01 紫蘇葉洗乾淨後，仔細吸乾水分，並切成寬條狀。

02 小番茄對半切開，蝦子剝殼。

03 平底鍋倒油，放入蒜頭、蝦子和番茄拌炒，並用鹽巴調味。

04 倒入蝦高湯熬煮1分鐘後，再加入鮮奶油和番茄紅醬。

05 義大利麵用鹽水煮熟。

06 放入紫蘇葉，義大利麵和佐醬混合均勻。

捲起一天所需的鐵質

紫蘇葉鮮蝦春捲

紫蘇葉5片、春捲皮5張、蝦子5尾、高麗菜5片、蚵仔醬1/2Ts、醋1Ts、蜂蜜1/2ts（咖啡匙）、油炸用油5杯（1000）、胡椒少許

跟著這樣做

01 高麗菜和紫蘇葉切碎，蝦子切成丁狀。

02 平底鍋倒油，將高麗菜、蝦子和紫蘇葉一起炒一炒。

03 用蚵仔醬和胡椒調味後，再加入些許的食醋和蜂蜜。

04 春捲皮鋪平，放上一片紫蘇葉，再鋪上炒過的高麗菜、芝麻葉和蝦子，整個捲起來備用。

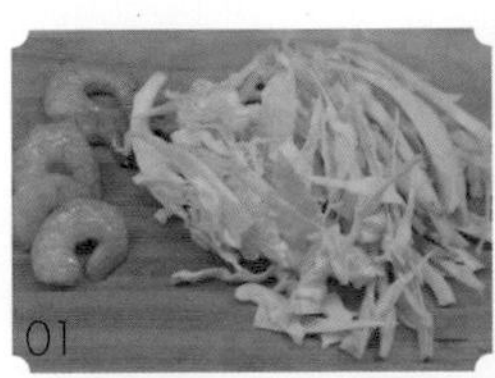

05 春捲放入油鍋中油炸至金黃色。

春捲皮四周沾上些許的水，即可輕易地將食材捲起來。

一年365天都好吃的
咖哩海鮮燉飯

咖哩（1人份：417kcal）主材料為薑黃，其所含的薑黃素是強力的抗酸化物質，能夠防止細胞酸化；它也能降低發炎反應，可有效預防老年癡呆和心臟病。同時也降低血液中的膽固醇含量指數，並降低糖尿病患者的血糖指數。

生米1/2杯、蝦子3尾、處理好的花枝1/4尾、蛤蠣肉3顆、紅蛤3顆、雞骨高湯5杯（1000）－參照高湯食譜、奶油1Ts、洋蔥丁1/4個、咖哩粉1/2Ts、帕馬森起司粉1Ts、香芹粉少許、鹽少許

跟著這樣做

01 拿出所有材料備用。

02 平底鍋倒油，放入洋蔥丁、生米和所有的海鮮拌炒至熟。

03 ②用鹽調味。

04 平底鍋中倒入雞骨高湯，瓦斯開小火，不斷攪拌。

05 在米差不多熟的時候，加入咖哩粉。

06 瓦斯關火，加入奶油、帕馬森起司粉和香芹粉混合均勻。最後依照個人喜好，加入鹽巴調味。

健康升級的

咖哩雞胸肉凱薩沙拉

料理時間 **15**分

材料

雞胸肉1塊、羅蔓葉（或生菜）10片、凱薩沙拉醬3Ts－參照佐醬食譜、橄欖油3Ts、帕馬森起司片1Ts、蒜頭1瓣、咖哩粉1Ts

跟著這樣做

01 雞胸肉從側邊剖開成兩半。

02 雞胸肉塗上橄欖油，鋪上蒜頭片，放在冰箱冷藏醃製一天。

03 雞胸肉均勻抹上咖哩粉，放入平底鍋中煎熟。

04 煎好的雞胸肉用叉子撕成適當大小，羅蔓葉切成適當大小。

05 大碗中倒入凱薩醬，與羅蔓葉、雞胸肉混合均勻。

06 料理呈盤，灑上帕馬森起司薄片。

爽脆口感的
蔬菜棒佐茄子醬

料理時間20分

材料

茄子1個、甜椒1/4個、小黃瓜1/4個、紅蘿蔔1/4個、芹菜1根、蒜頭1/2個、洋蔥1/2個、橄欖油1Ts、咖哩粉1/4Ts、鹽少許、胡椒少許

01

03

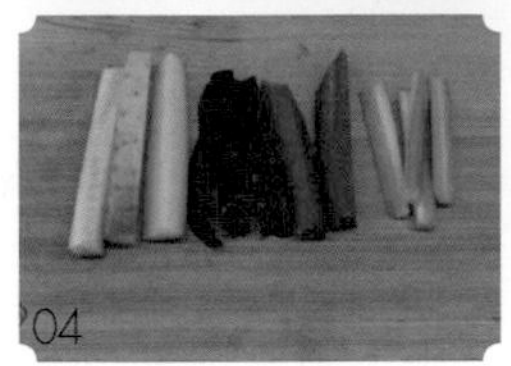
04

跟著這樣做

01 茄子對半切成長條，放入蒸鍋蒸15分鐘左右。

02 熟透的茄子剝掉外皮，用鹽巴和胡椒調味。

03 洋蔥、蒜頭、茄肉、咖哩粉和橄欖油（1Ts）放入攪拌機混合均勻（即茄子醬）。

04 甜椒、紅蘿蔔、小黃瓜和芹菜切成棒狀。

05 蔬菜棒插入杯中，搭配上茄子醬即完成。

羅馬傳統料理

野菜番茄培根肉醬義大利麵

料理時間 25分

番茄培根肉醬義大利麵是羅馬近郊阿瑪翠斯（Amatriciana）地區的傳統料理，這次我們加入大量新鮮的當季蔬菜一起料理。隨個人喜好，你也可加入莫札列拉起司，讓口感更加豐富。

義大利麵90g、茄子1/8個、番茄1/8個、夏南瓜1/8個、甜椒1/8個、洋蔥丁1/8個、培根3片、橄欖油2Ts、番茄紅醬1杯（200）－參照佐醬食譜、雞骨高湯1/4杯（50）－參照高湯食譜、帕馬森起司粉2Ts、紅辣椒少許、鹽少許、胡椒少許

跟著這樣做

01 茄子、甜椒和夏南瓜切成適當大小。
02 平底鍋倒油，放入洋蔥丁、培根碎末、紅辣椒和①的蔬菜一起拌炒。
03 用鹽和胡椒調味。
04 倒入雞骨高湯熬煮1分鐘後，加入番茄紅醬。
05 義大利麵用鹽水煮熟。
06 加入帕馬森起司，將義大利麵和佐醬混合均勻。

富含水分的
當季野菜歐姆雷

料理時間 **15**分

材料

紅椒1/8個、茄子1/8個、夏南瓜1/8個、小番茄2個、洋蔥1/8個、雞蛋2顆、奶油1Ts、大蒜麵包2個、鹽少許、胡椒少許

01

03

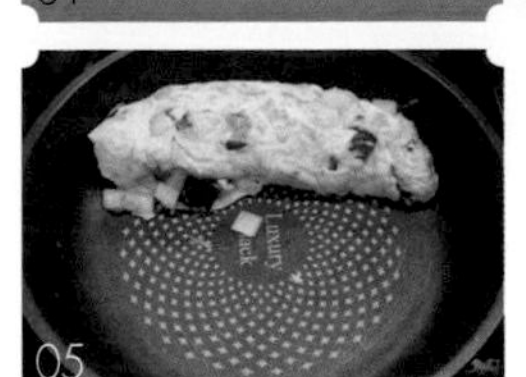
05

跟著這樣做

01 所有蔬菜都切成丁狀。
02 利用叉子將雞蛋均勻打散。
03 奶油放入平底鍋，融化後加入蔬菜炒一炒。
04 用鹽巴和胡椒調味。
05 倒入②的蛋液，開小火將蛋慢慢煎熟。煎的過程中，隨時調整並維持蛋的形狀。

隨著季節調整的健康點心

蔬菜可頌堡

料理時間15分

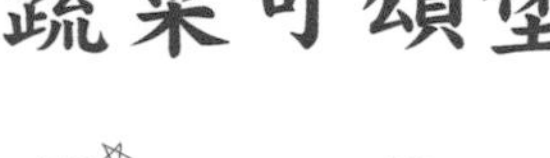

材料

可頌麵包3個、茄子1/8個、番茄1/8個、夏南瓜1/8個、起司片1片、萵苣（或羅蔓葉）1片、美乃滋1Ts、橄欖油1Ts、鹽少許、胡椒少許

01

03

04

跟著這樣做

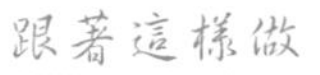

01 將蔬菜切成圓片狀。

02 可頌麵包切成兩半，內層塗上美乃滋。

03 ①的蔬菜塗抹上鹽、胡椒和橄欖油，並放入平底鍋煎一煎。

04 將萵苣、煎好的蔬菜和起司夾入可頌麵包中。

PART 7
料理時間
草莓鬆餅
25分
提拉米蘇
30分
岩漿巧克力蛋糕
40分
奧里歐
白巧克力慕斯
30分
香草Gelato冰淇
淋佐新鮮草莓
10分

Ti amo
甜蜜且道地的健康點心

Ti amo是義大利文中「我愛你」的意思。

甜蜜的誘惑，甜點！現在也能健康的吃！

甜點（Dessert）是從法文而來，原意是「結束用餐」或「清理餐桌」。即在整理餐桌的過程所端上的料理，並為一餐劃上完美的句點。西洋料理的甜點已是我們十分熟悉的菜單之一，相信大家都有為了孩子、和孩子一起、與情人或丈夫一起烘焙蛋糕、餅乾的經驗。雖然現在市面上販賣各種家庭烘培用材料，但甜點的製作依然不簡單。此章節介紹的 5 樣甜點雖沒有絢麗的外表，但無論是誰都可在家簡單製作。這讓我想到義大利留學時期，隔壁大嬸送我吃的家常提拉米蘇。現在就來介紹能讓人吃得嘴甜，看得幸福，甚至顧及營養，專屬於我的特別食譜「甜點五人幫」。

凸顯細膩甘甜風味的

草莓鬆餅

早午餐和開胃菜中常見的鬆餅是人類飲食史中，歷史最長久的一種麵包。鬆餅種類也非常多，這次我們介紹的是搭配上新鮮草莓的鬆餅。

01

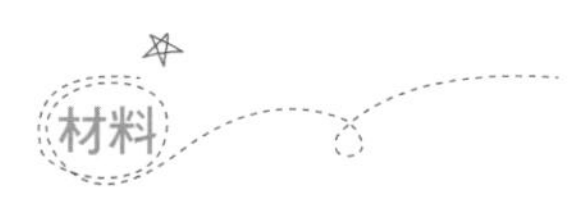

材料

奶油25g、麵粉125g、牛奶200ml、泡打粉6g、砂糖15g、雞蛋2個、鮮奶油（fresh cream）20ml、鹽少許

草莓果醬 草莓5個、水1/4杯、檸檬汁1/2個份量、砂糖1Ts

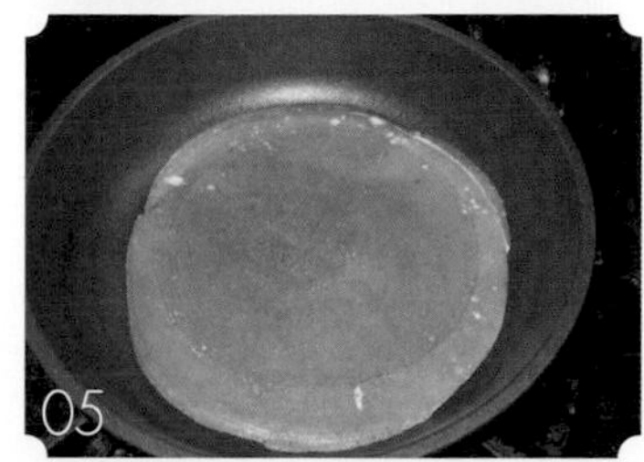
05

跟著這樣做

01 雞蛋和砂糖用電動打蛋機混合均勻後，加入泡打粉。
02 溫牛奶和融化的奶油加入①的蛋液中，混合均勻。
03 麵粉過篩，慢慢加入②中混合。
04 麵糊放入冰箱冷藏30分鐘。
05 ④的麵糊倒入不沾鍋中，依照個人喜好調整鬆餅大小，用小火煎烤至熟。
06 草莓切成四等份。
07 平底鍋中放入草莓醬的材料，用小火煮至濃稠。
08 鬆餅與鬆餅間塗上鮮奶油（fresh cream），最後再淋上草莓醬。

06

07

TIP

除了草莓醬外，也可用各種當季水果製成果醬。

07

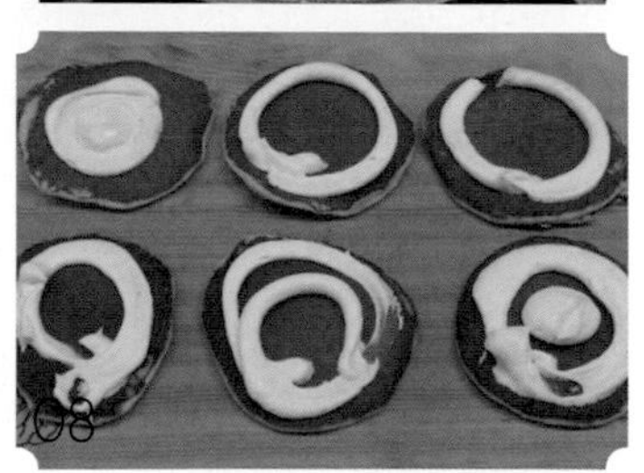
08

充滿義式浪漫的

提拉米蘇

馬斯卡邦尼乳酪（mascarpone cheese）250g、雞蛋3個、砂糖70g、濃縮咖啡1杯（100）、海綿蛋糕適量50g、白巧可力碎片10g、可可粉少許

跟著這樣做

01 將蛋黃和蛋白分開。

02 蛋白加入砂糖（10g），用電動打蛋器打至起白泡泡。

03 蛋黃加入砂糖（60g），用電動打蛋器混合均勻後，再加入馬斯卡邦尼乳酪。加入②的蛋白泡。

04 濃縮咖啡煮好備用。海綿蛋糕按照容器的形狀切好，放入容器底端並倒入咖啡。

05 濃縮咖啡煮好備用。海綿蛋糕按照容器的形狀切好，放入容器底端並倒入咖啡。

06 海綿蛋糕吸滿咖啡後，倒入馬斯卡邦尼乳酪。

07 重複⑥的動作，最後將可可粉和白巧克力碎片灑在馬斯卡邦尼乳酪上。

暖呼呼甜蜜蜜的～

岩漿巧克力蛋糕

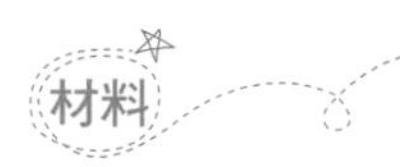

材料

烤箱杯1個、巧克力碎片70g、奶油60g、糖粉65g、麵粉（低筋）30g、雞蛋2個

擺飾做法（鮮奶油50：巧克力碎片50） 將鮮奶油和巧克力碎片隔水加熱，融化後放入冰箱冷藏（建議前一天先做好冷藏）。

跟著這樣做

01 巧克力切碎。

02 巧克力隔水加熱。（外碗加入60℃的熱水，慢慢將巧克力融化）

03 奶油在室溫下放軟後，加入砂糖拌均匀。

04 ③中加入雞蛋混合均勻，加入②融化好的巧克力。

05 一點一點加入過篩好的麵粉。

06 ⑤的麵糊倒入烤箱杯中。

07 麵糊上放入1Ts的擺飾巧克力醬。

08 烤箱預熱至160度，烤20分。

柔順又爽口的
奧里歐白巧克力慕斯

料理時間 **30**分

巧克力蛋糕（或巧克力海綿蛋糕）5片、白巧克力22g、鮮奶油（fresh cream）100g、奧里歐餅乾20g

跟著這樣做

01 奧里歐巧克力餅乾、白巧克力切碎。
02 白巧克力隔水加熱至融化，放涼備用。
03 鮮奶油打發至90%的程度。
04 鮮奶油中慢慢加入融化的白巧克力，並一邊攪拌。
05 ④中加入奧里歐餅乾碎片。
06 巧克力蛋糕按照形狀切好，放入杯子最底部。
07 杯子中加入⑤的白慕斯。
08 放入冰箱冷藏。

疊起的維他命A

香草Gelato冰淇淋佐新鮮草莓

料理時間10分

材料

（2杯份） 草莓10個、檸檬汁1顆份量、砂糖1Ts、香草冰淇淋2球（Gelato為義大利品牌冰淇淋）、糖粉少許

跟著這樣做

01 草莓去蒂，切成兩半。
02 砂糖和檸檬汁放入碗中混合。
03 ①的草莓和②的檸檬汁混合均勻。
04 草莓放入杯中，再擺上兩球香草Gelato冰淇淋。
05 灑上糖粉即完成。

PART 8
料理時間
炙燒鮪魚佐生薑鳳梨印度酸辣醬
20分
烤海鮮番茄
10分
香菇鑲花蟹肉
30分
栗子紅棗牛肉捲
15分
海藻可麗餅
30分
義式高麗菜捲
40分
楓糖水果串
10分
義式拖鞋帕尼尼
15分
糖漬鮮水果
10分
海鮮馬鈴薯清湯
25分
夏南瓜鑲黑米南瓜
30分
堅果烤蝦佐蘋果醬
15分
豬肉蔬菜奶油義大利麵
25分
牛排佐馬鈴薯泥
35分
紅棗培根捲
15分

Salute～
專屬於你們的愛情飯桌

Salute是義大利文中「祝你好運」的意思。

特別的料理，健康一百分

廚師生涯中，我最常被問到的問題就是「在家也經常做料理嗎？」老實說，在義大利留學期間，無論是出自本意或被要求，我經常做料理。不過回到韓國後，我總是以工作忙碌為藉口，很少在家做料理，也因此我經常對妻子感到抱歉。

第八篇介紹的料理，其實都是我妻子愛吃的料理。像有特別的日子，我精心準備的特製料理；為了家人，準備的各式健康便當；為了迎接客人，準備的迎賓料理。現在就來介紹這些裝滿了特殊感情的珍愛料理。

感冒痠痛！全都退下！

料理時間 **20**分

炙燒鮪魚佐生薑鳳梨印度酸辣醬

東醫寶鑑中廣為流傳的生薑功效，除了能治療氣喘和咳嗽外，也能改善頭痛困擾。由於生薑有著強烈特殊的氣味，所以料理起來多少有些困難，現在就讓我介紹這道生薑經過美味變身後的料理。

01

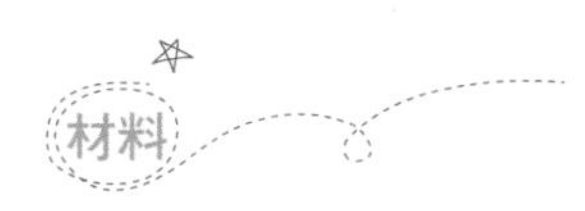

材料

冷凍鮪魚1/2塊、鳳梨1/8個、葡萄乾1Ts、醬油1/2Ts、蠔油1/2Ts、橄欖油2Ts、檸檬佐醬1Ts－參考佐醬食譜、生薑少許、胡椒少許、蘿蔔苗少許

02

跟著這樣做

01 醬油、蠔油、橄欖油和胡椒混合均勻。冷凍鮪魚解凍塗上醬料後，靜置1小時。

02 平底鍋倒入油，將①醃好的鮪魚表面煎熟，內部維持半生熟。

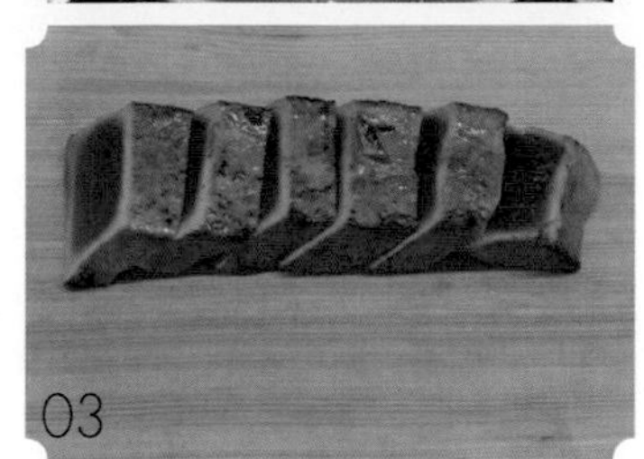
03

03 鮪魚切成個人喜好的厚度。

04 鳳梨切成丁狀，壓碎葡萄乾和生薑。

05 蜂蜜倒入平底鍋中，用中火熬煮至咖啡色。

06 蜂蜜變色後，放入鳳梨、葡萄乾和生薑一起熬煮。

07 將⑥的鳳梨印度酸辣醬（chutney）放入盤中。

08 鮪魚放入⑦的盤中，用蘿蔔苗裝飾擺盤，最後淋上檸檬佐醬即完成。

04

TIP

❶ 料理兩天前，將欲使用的鮪魚從冷凍庫移至冷藏庫解凍。若是時間緊迫，可將鮪魚放入鹽水中解凍。
❷ 炙燒指的是外表稍微烤熟的料理。
❸ 最後一個步驟中，可將山藥磨成泥搭配上蘿蔔苗一起食用，如此一來料理會更加美味。

06

特別推薦的減肥食譜！

烤海鮮番茄

如同先前所提到，番茄是廣為人知的超級食物，它和海鮮更是料理中的絕配搭檔。番茄和花椰菜一起食用時，可加快營養成分的吸收速度。

蝦子3尾、花枝1/4尾、番茄1個、檸檬佐醬2Ts－參考佐醬食譜、橄欖油1Ts

跟著這樣做

01 番茄切成圓圈狀。
02 蝦子剝殼開背，挑掉沙腸。
03 花枝切成圓圈狀。
04 不沾鍋預熱後，乾煎①的番茄。
05 鍋中倒入油，煎熟②和③的海鮮。
06 烤好的番茄裝入盤中，再將海鮮擺到番茄上。
07 淋上檸檬佐醬。

由於檸檬佐醬已有鹹味，因此在煎烤海鮮時，不需要再另外調味。

換季時必吃的

香菇鑲花蟹肉

料理時間 **30**分

這次的烤箱料理能凸顯花蟹肉的美味。另外，食材中的香菇具有安定神經的功效，有助改善失眠困擾。

花蟹（或蚌肉）1隻、甜椒1/8個、馬鈴薯1/8個、夏南瓜1/8個、洋蔥1/4個、美乃滋2Ts、麵包粉2Ts、莫札列拉起司（或披薩起司）1Ts、Tabasco醬5滴、豆苗少許、鹽少許、胡椒少許

跟著這樣做

01 甜椒、馬鈴薯、夏南瓜和洋蔥切成丁狀。

02 馬鈴薯用鹽水稍微汆燙一下，洋蔥、夏南瓜和甜椒放入平底鍋拌炒。

03 ②的所有食材、花蟹肉、美乃滋、Tabasco醬、麵包粉和莫札列拉起司放入大碗中混合均勻。

04 香菇去蒂，將③的材料塞入香菇中。

05 香菇用胡椒和鹽巴調味，烤箱調至180度，烤10分鐘左右。

為家人準備的特製補品

栗子紅棗牛肉捲

當您特地騰出時間，想為家人準備營養補品時，我推薦您製作這道料理。料理中的栗子有利尿作用，且有助心臟健康。

牛臀尖肉（或薄片牛肉）5片、栗子5顆、水梨1/4個、紅棗5顆、橄欖油2Ts、蜂蜜黃芥末醬（第戎芥末醬2Ts、蜂蜜1Ts）1Ts、鹽少許、胡椒少許

跟著這樣做

01 牛肉切成薄片，或是用槌子將肉敲成薄片。
02 栗子、紅棗和水梨切絲。
03 用①的牛肉薄片將所有材料捲起。
04 牛肉用鹽巴和胡椒調味後，放入平底油鍋中煎熟。
05 第戎芥末醬和蜂蜜混合均勻後，淋到牛肉捲上。

利用牙籤將肉串起，牛肉捲就不會輕易散開。

鮮綠色的營養便當菜單

海藻可麗餅

料理時間 **30**分

海藻類中，新鮮的綠紫菜抗酸化的效果最好，同時它也可預防骨質疏鬆症。海藻中的碘，能幫助維持血液乾淨。

羅蔓葉（或萵苣）10片、凱薩沙拉醬2Ts－參考佐醬食譜、柚子佐醬1Ts（柚子汁或柚子醬1Ts、美乃滋2Ts）

海藻可麗餅麵糊（綠紫菜20g、牛奶150g、麵粉75g、奶油20g、雞蛋1個、鹽少許）－5張的份量

跟著這樣做

01 將牛奶和過篩的麵粉混合均勻。

02 麵糊加入綠紫菜、融化的奶油和雞蛋，並用鹽調味。

03 利用廚房紙巾將平底鍋均勻抹上油，倒入可麗餅麵糊，烤成可麗餅皮。

04 羅蔓葉（或萵苣）一層一層塗上凱薩沙拉醬。

05 羅蔓葉放到可麗餅皮上捲起。

06 美乃滋和柚子汁混合均勻（即柚子佐醬），搭配可麗餅一起食用。

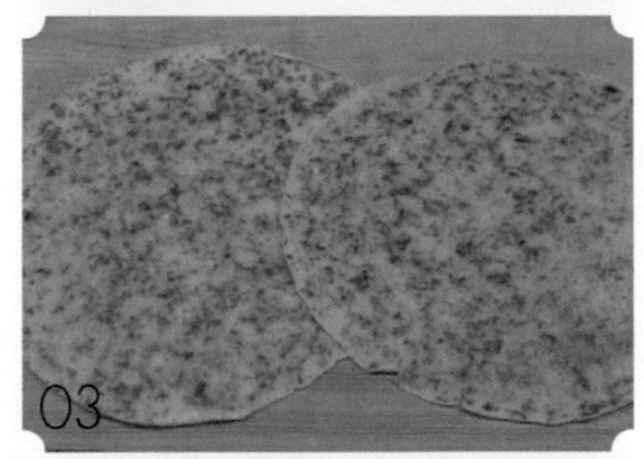

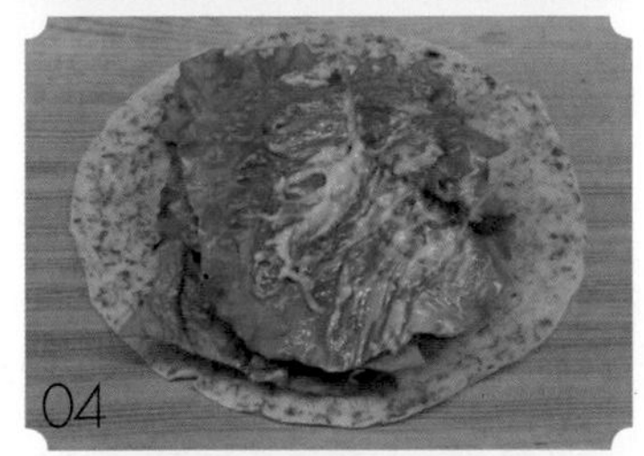

若可麗餅不易捲起，可用牙籤幫忙固定。

料理時間 40分
為丈夫準備的義式健康菜捲
義式高麗菜捲

義大利也像韓國一樣，會用各種蔬菜把東西包起來吃。義大利文「Involtini」代表「肉捲」的意思。

豬絞肉200g、高麗菜3張、蒜頭1瓣、紅蘿蔔1/4個、洋蔥1/4個、夏南瓜1/8個、番茄紅醬1/2杯（100）－參考佐醬食譜、莫札列拉起司（或披薩起司）2Ts、橄欖油1Ts、鹽少許、胡椒少許

跟著這樣做

01 高麗菜葉用鹽水煮至軟。
02 蒜頭壓碎，洋蔥、紅蘿蔔和夏南瓜切成丁狀。
03 平底鍋倒油，放入蔬菜快速的炒一炒。
04 ③炒好的蔬菜和豬肉混合均勻，再加入莫札列拉起司、鹽巴和胡椒調味。
05 豬肉糊放到高麗菜葉上，並將高麗菜捲起。
06 高麗菜捲淋上滿滿的番茄紅醬。
07 烤箱調至180度，烤15分鐘左右。

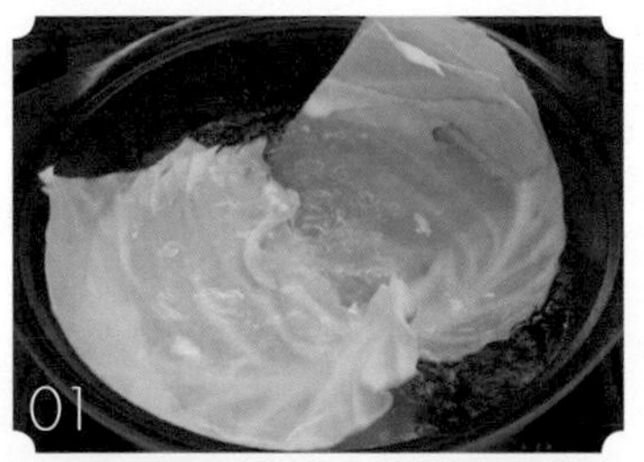

料理時間 10分

水果的甜蜜變身

楓糖水果串

水果經常作為沙拉、飲料或甜點的食材，這次不如試著將它們串在一起吧！不僅可以當成點心，也適合當作探病時的慰問便當。

蘋果1/4個、鳳梨1/8個、草莓4個、葡萄4顆、檸檬汁1顆份、楓糖1Ts

跟著這樣做

01 準備好的水果切成塊狀。
02 ①的水果和檸檬汁拌均勻。
03 ②的水果用叉子依序串起。
04 按照個人喜好，淋上適量的楓糖醬。

01

02

03

依照個人喜好，可以選擇各種當季新鮮水果做成水果串。

家族便當的推薦菜單！

義式拖鞋帕尼尼

料理時間 15分

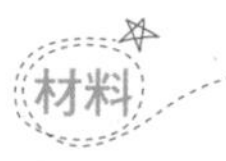

材料

拖鞋麵包、水煮蛋2顆、臘腸肉片5片、萵苣（或羅蔓葉）1片、美乃滋1Ts

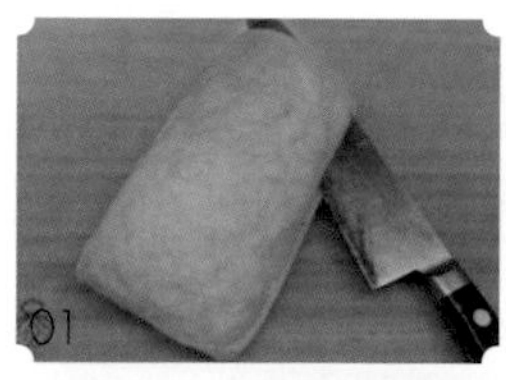
01

02

03

跟著這樣做

01 麵包從側邊切開，內側均勻塗上美乃滋。
02 雞蛋切成適當大小的圓圈狀。
03 ①的拖鞋麵包夾上萵苣（或羅蔓葉）、臘腸和雞蛋。
04 麵包切成適當大小，並用牙籤固定住。

TIP

義式帕尼尼三明治代表「小巧玲瓏」的意思，義大利人出遊或野餐時，總是會準備帕尼尼當成便當。

為孕婦設計的特製點心

糖漬鮮水果

料理時間 **10**分

鳳梨1/8個、蘋果1/4個、草莓3個、野莓果（藍莓或覆盆子）1Ts、白開水1/4杯（50）、砂糖1Ts、檸檬汁1顆份

跟著這樣做

01 水果全都切成塊狀。

02 白開水、檸檬汁和砂糖放入碗中，混合均勻至砂糖融化。

03 將①的水果和②的檸檬汁混合均勻。

建議放入冰箱冷藏，冰涼的糖漬鮮水果會更加美味。

老公需要解酒時的

海鮮馬鈴薯清湯

料理時間 25分

在海鮮馬鈴薯清湯中，番茄和花椰菜可說是充份地表現出各自的風味。海鮮馬鈴薯清湯除了適合當成開胃菜料理外，更適合為宿醉的老公解酒。

蝦子4尾、花枝1/4尾、小番茄3個、花椰菜1把、馬鈴薯1/8個、蒜末1瓣、紅辣椒少許、鹽少許、蛤蠣高湯（或紅蛤高湯）1杯（200）－參照高湯食譜

跟著這樣做

01 小番茄對半切開，花椰菜和馬鈴薯切成塊狀。

02 花椰菜和馬鈴薯用鹽水稍微汆燙一下。

03 鍋中倒入些許油，將蒜末、紅辣椒、蝦子和花枝炒一炒。

04 蛤蠣高湯（或紅蛤高湯）倒入③的鍋中，放入馬鈴薯、花椰菜和小番茄熬煮。

05 將④煮到滾開，放入香芹粉即完成。

適合消化不良時吃的

夏南瓜鑲黑米南瓜

消化不良時，我們總是選擇粥品進食吧？雖然粥不會造成腸胃的負擔，但總是很難填飽肚子。我推薦的這道「夏南瓜鑲黑米南瓜」點心，不僅容易消化，同時也能消除那令人難以忍受的飢餓感。

黑米2Ts、牛奶1杯（100）、砂糖1Ts、南瓜1/2個、肉桂粉1Ts、披薩起司2Ts、夏南瓜1個、帕馬森起司粉1Ts、鹽少許、番茄紅醬1/4（50）－參考佐醬食譜

01 牛奶、砂糖和黑米用小火煮至熟。
02 夏南瓜整條丟入鹽水中，稍稍汆燙後，對半切成長條狀。
03 用手指去除掉夏南瓜的籽，挖出一條溝。
04 南瓜去籽後，放入蒸鍋中蒸20分。
05 ④的南瓜去皮，用叉子壓碎。
06 南瓜壓碎後，用鹽巴調味。加入①的黑米、松子、肉桂粉和披薩起司，做成南瓜糊。
07 用⑥的南瓜糊填滿夏南瓜。
08 塗上番茄紅醬，灑上帕馬森起司。烤箱調至180度，烤10分鐘左右。

料理時間15分

發育期孩童的特別點心！

堅果烤蝦佐蘋果醬

孩子進入暴風成長期後，他們吃進肚的所有食物都讓人費心，即便是點心也不例外。建議您可以使用對人體有益的堅果類，鮮甜的蝦子搭配上爽口的蘋果佐醬，沒有比這還適合當作孩子點心的了。

蝦子5尾、碎碗豆1Ts、碎核桃1Ts、杏仁1Ts、黑芝麻1Ts、碎松子1Ts、麵包粉1Ts、蒜末1瓣、奶油1Ts、洋蔥丁1/4個、蘋果佐醬－參考佐醬食譜

跟著這樣做

01 蝦子去殼，開背挑出沙腸。

02 奶油放入平底鍋中，再加入洋蔥丁、碗豆、核桃、松子、黑芝麻、杏仁和麵包粉炒一炒。

03 ①的蝦子沾滿②的麵包粉。

04 烤箱預熱至180度，烤5分鐘。

05 蝦子烤好後，淋上蘋果佐醬。

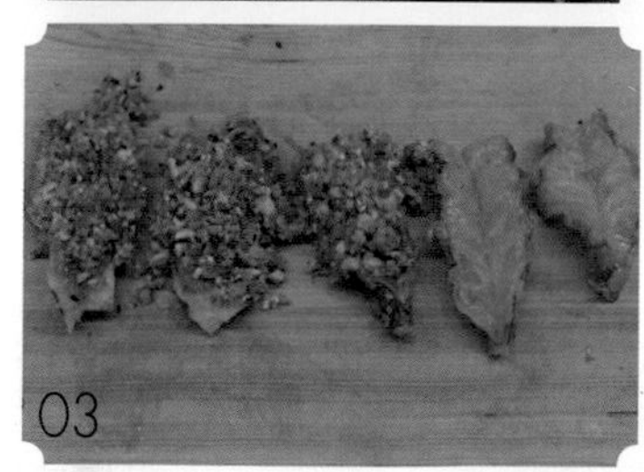

活用冰箱剩餘食材的

豬肉蔬菜奶油義大利麵

料理時間 25分

大家都有好好活用冰箱中的食材吧？不管是哪一個家庭，冰箱中總是會有一些剩餘食材。只要把這些材料蒐集起來，也可以做出一道美味的料理，現在就在此公開這道料理的做法。

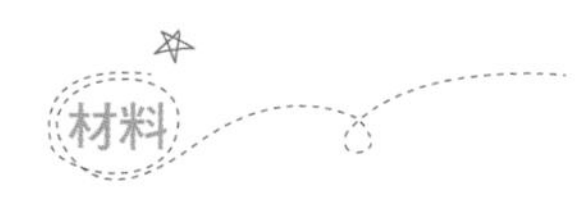

材料

義大利麵90g、豬肉一把、花椰菜一把、甜椒1/8個、夏南瓜1/8個、茄子1/8個、洋蔥丁1/4個、雞骨高湯1/4杯（50）－參考高湯食譜、鮮奶油1杯（200）、橄欖油2Ts、帕馬森起司粉1Ts、香芹粉少許、鹽少許、胡椒少許

跟著這樣做

01 豬肉和所有蔬菜都切成適當大小。
02 平底鍋加入奶油和橄欖油，放入①的豬肉、所有蔬菜和洋蔥丁一起拌炒。
03 加入雞骨高湯熬煮1分鐘，再放入鮮奶油。
04 義大利麵用鹽水煮熟。
05 加入香芹粉，讓義大利麵和佐醬充分混合。
06 灑上帕馬森起司粉。

專為特別客人準備的家庭式套餐料理

牛排佐馬鈴薯泥

料理時間35分

當決定招待客人至家中的那刻起，你就開始苦惱要做什麼料理了吧？相信大家都有這樣的經驗。這道專為客人準備的特製家庭套餐料理，可是一點都不輸給昂貴餐廳的套餐喔！

牛腰肉排1塊、馬鈴薯1個、牛奶1杯、巴沙米可醋佐醬－參考佐醬食譜、橄欖油1Ts、細蔥少許、鹽少許、胡椒少許

跟著這樣做

01 馬鈴薯整顆用鹽水汆燙至熟。
02 馬鈴薯去皮後壓碎，加入奶油和牛奶用小火煮透。
03 牛腰肉用鹽和胡椒調味，並塗上橄欖油。
04 鍋子預熱1分鐘左右，將牛排煎烤至喜好的熟度。
05 牛排呈盤後，搭配上②的馬鈴薯泥。
06 巴沙米可醋佐醬淋到⑤的肉上。

紅蘿蔔濃湯當作開胃菜，甜點則是提拉米蘇，家庭式套餐料理就立刻完成了。

在家也能享用的健康下酒菜

紅棗培根捲

料理時間 15分

週末晚間和家人小酌一番，如何？但你是否吃膩了炸雞或魷魚乾等下酒菜？介紹您這道顧及健康的下酒菜—紅棗培根捲。

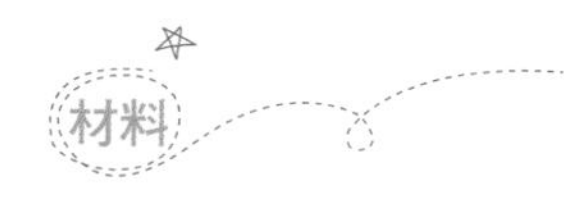

紅棗10個、培根10片、莫札列拉起司（或披薩起司）1個、橄欖油1Ts

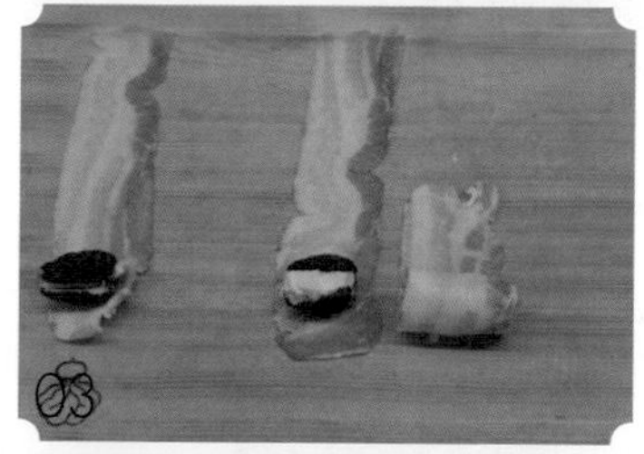

跟著這樣做

01 莫札列拉起司切成丁狀。
02 紅棗去籽備用。
03 將莫札列拉起司塞入紅棗中，並用培根捲起。
04 平底鍋倒入橄欖油，將培根捲煎熟。

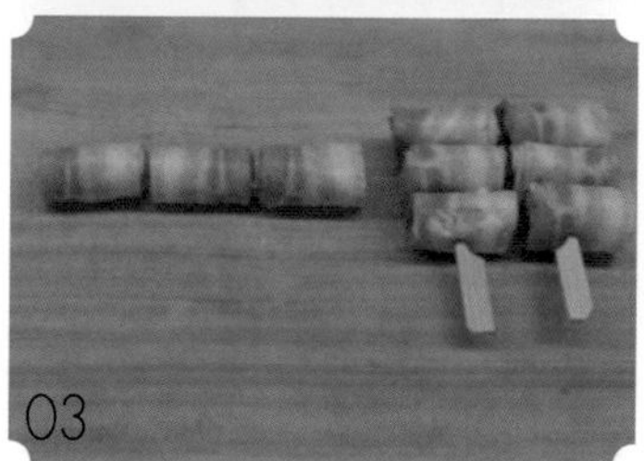

利用串燒專用的籤子，培根捲就不會輕易散開。

于恬的西班牙專屬秘境

作者 于恬　書號 DS21217　定價 320 元

ISBN 978-986-201-662-6　附件 無

由曾經定居西班牙的旅遊達人于恬所撰寫，將你在旅遊上可能會遭遇的疑問與所關切的事項做一完整的解說，提供你諸如行前的準備與叮嚀、當地的人文與習慣、必遊的景點與餐廳、可利用的交通與飯店、以及購物退稅等有用的資訊，絕對會讓你乘興而來、盡興而返！◎提供完善旅遊須知；◎結合在地人的私房景點；◎年度盛事旅遊參考；◎收錄常用西語應急

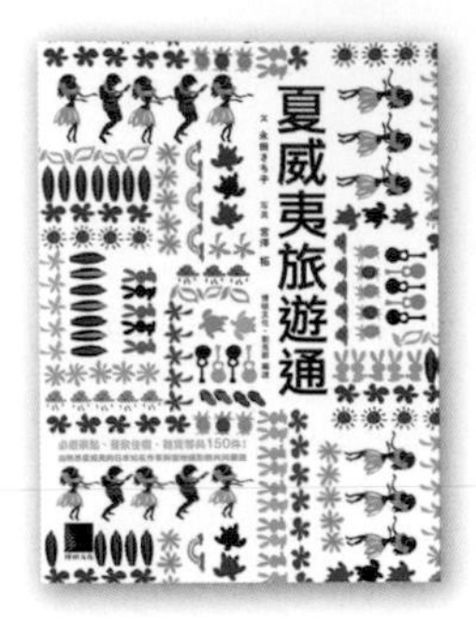

夏威夷旅遊通

作者 永田さち子　書號 DS21210　定價 330 元

ISBN 978-986-201-608-4　附件 無

本書也榮獲日本Amazon網路書店5顆星的讀者評價，為旅遊類的人氣暢銷書。提供了夏威夷最佳的旅遊資訊，除了將內容分門別類地介紹外，其相關的地理位置、連絡電話、營業時間與費用等也都有詳實記載，並配置地圖方便查詢。餐廳、咖啡店、雜貨屋、矚目的必遊景點等共150件，不管是初次或數度的夏威夷旅遊，皆可託付之！

LONDON BUS旅遊通

作者 大村えつこ　書號 DS21209　定價 330 元

ISBN 978-986-201-595-7　附件 無

參訪倫奧盛會，搭乘雙層巴士，享受在地風情－充滿魅力的163景點讓你暢快悠遊！好不容易來一趟倫奧之旅，當然要盡情體驗與飽覽英倫風光，本書就是針對你這種的迫切需求，規劃了10條值得推薦的巴士路線，讓你可以搭乘雙層巴士從市中心一直玩到郊區，不管是觀光景點、文化設施，或是商店、市集、餐廳、咖啡店/烘培屋等，163景點包準你有個難忘的倫敦之旅。

首爾近郊輕旅行

跟著在地人搭遍84條地鐵路線，玩遍首爾與近郊私景點

作者 崔美宣、辛石教　書號 DS21201　定價 420 元

ISBN 978-986-201-650-3

附件 彩色拉頁(首爾中文地鐵路線圖、書中各地鐵線代表景點)

背包客最愛的首爾旅遊實用網站－

只要跟著本書的地鐵路線指引，一個人也可以來一趟當日往返首爾與近郊的鐵道之旅！本書除了在地人才會知道的日常景點，有很多歷史景點，並且介紹各景點的歷史與小故事，相當適合想深度旅遊者閱讀！你心動了嗎？那麼就跟著在地人，搭乘地鐵前往首爾與近郊的84條路線吧！

讀者回函

讀者回函

GIVE US A PIECE OF YOUR MIND

感謝您購買本公司出版的書，您的意見對我們非常重要！由於您寶貴的建議，我們才得以不斷地推陳出新，繼續出版更實用、精緻的圖書。因此，請填妥下列資料(也可直接貼上名片)，寄回本公司(免貼郵票)，您將不定期收到最新的圖書資料！

購買書號： **書名：**

姓　　名：______________________________

職　　業：□上班族　□教師　□學生　□工程師　□其它

學　　歷：□研究所　□大學　□專科　□高中職　□其它

年　　齡：□ 10~20　□ 20~30　□ 30~40　□ 40~50　□ 50~

單　　位：______________________ 部門科系：______________

職　　稱：______________________ 聯絡電話：______________

電子郵件：______________________________

通訊住址：□□□ ______________________________

____

您從何處購買此書：

□書局 ________ □電腦店 ________ □展覽 ________ □其他 ________

您覺得本書的品質：

內容方面：　□很好　□好　□尚可　□差

排版方面：　□很好　□好　□尚可　□差

印刷方面：　□很好　□好　□尚可　□差

紙張方面：　□很好　□好　□尚可　□差

您最喜歡本書的地方：______________________________

您最不喜歡本書的地方：______________________________

假如請您對本書評分，您會給(0~100分)：________ 分

您最希望我們出版那些電腦書籍：

請將您對本書的意見告訴我們：

歡迎您加入博碩文化的行列哦！

✂ 請沿虛線剪下寄回本公司

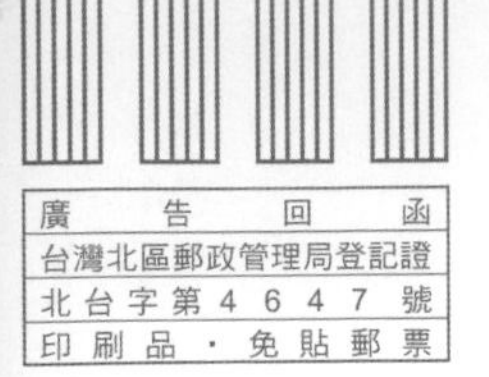

221

博碩文化股份有限公司　產品部

台灣新北市汐止區新台五路一段112號10樓A棟

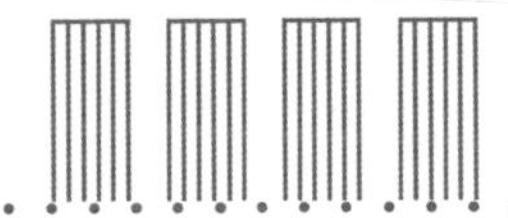